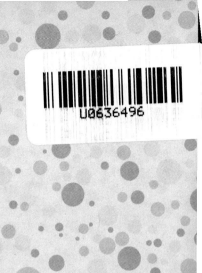

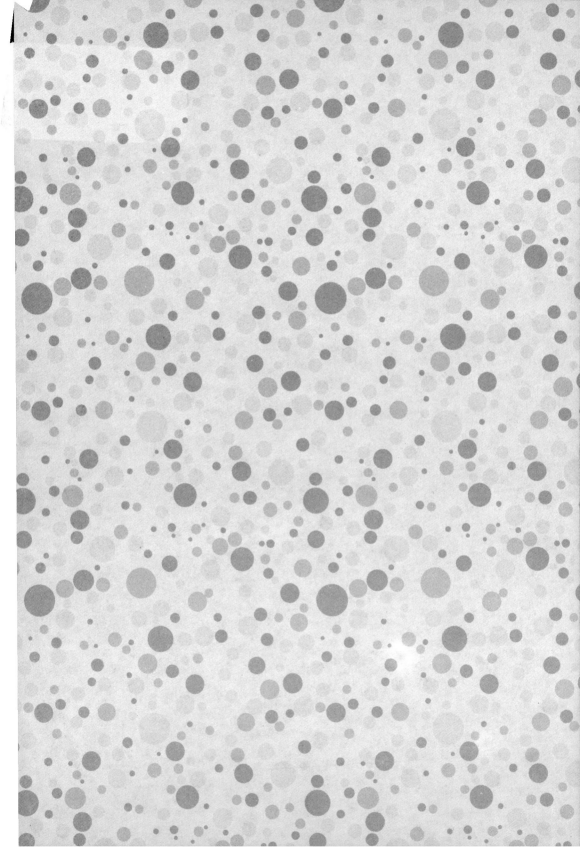

青少年科学探索第一读物

全彩版

晨风◎编

揭开
宇宙的秘密

JIEKAI YUZHOU DE MIMI

探索未知
发现未来

甘肃科学技术出版社

图书在版编目（CIP）数据

揭开宇宙的秘密 / 晨风编 . —兰州：甘肃科学技术出版社，2013.4

（青少年科学探索第一读物）

ISBN 978-7-5424-1768-8

Ⅰ . ①揭… Ⅱ . ①晨… Ⅲ . ①宇宙—青年读物②宇宙—少年读物Ⅳ . ① P159-49

中国版本图书馆 CIP 数据核字 (2013) 第 067278 号

责任编辑　韩　波（0931-8773230）
封面设计　晴晨工作室
出版发行　甘肃科学技术出版社（兰州市读者大道 568 号　0931-8773237）
印　　刷　北京中振源印务有限公司
开　　本　700mm×1000mm　1/16
印　　张　10
字　　数　153 千
版　　次　2014 年 10 月第 1 版　2014 年 10 月第 2 次印刷
印　　数　1～3000
书　　号　ISBN 978-7-5424-1768-8
定　　价　29.80 元

前 言

　　科学技术是人类文明的标志。每个时代都有自己的新科技，从火药的发明，到指南针的传播，从古代火药兵器的出现，到现代武器在战场上的大展神威，科技的发展使得人类社会飞速的向前发展。虽然随着时光流逝，过去的一些新科技已经略显陈旧，甚至在当代人看来，这些新科技已经变得很落伍，但是，它们在那个时代所做出的贡献也是不可磨灭的。

　　从古至今，人类社会发展和进步，一直都是伴随着科学技术的进步而向前发展的。现代科技的飞速发展，更是为社会生产力发展和人类的文明开辟了更加广阔的空间，科技的进步有力地推动了经济和社会的发展。事实证明，新科技的出现及其产业化发展已经成为当代社会发展的主要动力。阅读一些科普知识，可以拓宽视野、启迪心智、树立志向，对青少年健康成长起到积极向上的引导作用。青少年时期是最具可塑性的时期，让青少年朋友们在这一时期了解一些成长中必备的科学知识和原理是十分必要的，这关乎他们今后的健康成长。

　　科技无处不在，它渗透在生活中的每个领域，从衣食住行，到军事航天。现代科学技术的进步和普及，为人类提供了像广播、电视、电影、录像、网络等传播思想文化的新手段，使精神文明建设有了新的载体。同时，它对于丰富人们的精神生活，更新人们的思想观念，破除迷信等具有重要意义。

　　现代的新科技作为沟通现实与未来的使者，帮助人们不断拓展发展的空间，让人们走向更具活力的新世界。本丛书旨在：让青少年学生在成长中学科学、懂科学、用科学，激发青少年的求知欲，破解在成长中遇到的种种难题，让青少年尽早接触到一些必需的自然科学知识、经济知识、心

揭开宇宙的秘密

理学知识等诸多方面。为他们提供人生导航、科学指点等，让他们在轻松阅读中叩开绚烂人生的大门，对于培养青少年的探索钻研精神必将有很大的帮助。

科技不仅为人类创造了巨大的物质财富，更为人类创造了丰厚的精神财富。科技的发展及其创造力，一定还能为人类文明做出更大的贡献。本书针对人类生活、社会发展、文明传承等各个方面有重要影响的科普知识进行了详细的介绍，读者可以通过本书对它们进行简单了解，并通过这些了解，进一步体会到人类不竭而伟大的智慧，并能让自己开启一扇创新和探索的大门，让自己的人生站得更高、走得更远。

本书融技术性、知识性和趣味性于一体，在对科学知识详细介绍的同时，我们还加入了有关它们的发展历程，希望通过对这些趣味知识的了解可以激发读者的学习兴趣和探索精神，从而也能让读者在全面、系统、及时、准确地了解世界的现状及未来发展的同时，让读者爱上科学。

为了使读者能有一个更直观、清晰的阅读体验，本书精选了大量的精美图片作为文字的补充，让读者能够得到一个愉快的阅读体验。本丛书是为广大科学爱好者精心打造的一份厚礼，也是为青少年提供的一套精美的新时代科普拓展读物，是青少年不可多得的一座科普知识馆！

目录

CONTENTS

第三章 怎样测星星间的距离

第四章 天文知识的应用

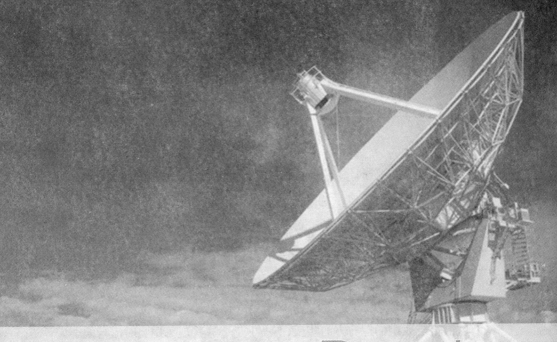

Part 1
天 文 史 话

　　天文学是观察和研究宇宙间天体的学科，它研究天体的分布、运动、位置、状态、结构、组成、性质及起源和演化，是自然科学中的一门基础学科。天文学与其他自然科学的一个显著不同之处在于，天文学的实验方法是观测，通过观测来收集天体的各种信息。因而对观测方法和观测手段的研究，是天文学家努力研究的一个方向。在古代，天文学还与历法的制定有不可分割的关系。现代天文学已经发展成为观测全电磁波段的科学。

天文学的脚步

在天文学的发展中，天文学家们倾注了很大的精力研究行星在天空中的运动。他们发现，相对于地球来说，同一颗行星有的时候是东升西落的，这与太阳的运行方向一致，叫做顺行（图1）；有的时候是西升东落的，这恰恰与太阳的运行方向相反，叫做逆行。这些现象用当时流行的学说——以托勒密为代表的地心学说是根本解释不通的。地心体系越来越暴露出它的破绽。到了15世纪～16世纪，托勒密的地心体系已经濒临破产，一个新的体系即将诞生。

图1

在中世纪的末期，随着生产力的极大发展和新兴资产阶级的崛起，欧洲正面临社会大变革的时代。在科学技术领域，这场社会大变革的主要标志是自然科学的革命，而这一切又是以哥白尼创立的日心体系为起点的。哥白尼写出了不朽的天文学巨著《天体运行论》，创立了科学的日心体系。在太阳系中，如果把太阳作为中心来看待，而不是把地球作为中心来看待，那么各个行星的运动现象以及它们的运动特征和当时出现的各种各样的问题也就迎刃而解了。

《天体运行论》的出版意义非同寻常，它说明地球仅仅是一颗围绕太阳运转的普通的行星，从根本上否定了"地球是上帝特地安排在宇宙中心的"这一宗教观念，大大动摇了人们心目中对教会的崇拜，宣告了宗教统治的理论支柱完全破产；它是自然科学向教会发布的独立宣言，自然科学从此从神学中解放出来，它的地球运动的概念为近代天文学奠定了坚实的基石。

在哥白尼的日心体系诞生后的一个多世纪中，人们又不断地促进了它的发展。意大利的布鲁诺到处宣扬哥白尼的日心学说，与宗教势力展开了针锋相对的斗争。他取消了哥白尼学说体系中的恒星天层，把恒星描述为向四面八方无限延伸，提出了宇宙无限的思想（图2）。当时的教会势力非常强大，布鲁诺遭到了长达8年之久的监禁审讯，但他毫不屈服，最终在1600年2月17日被烧死在罗马的百花广场。

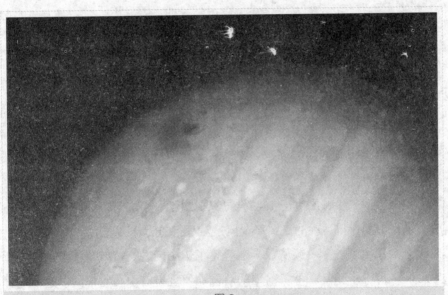

图2

哥白尼去世后3年，丹麦的第谷出生了。第谷是天文观测的大师，他制造出了许多天文观测仪器（图3）。他始终不懈地坚持天文观测，培养出了许多训练有素的助手，他们的观测精度在望远镜问世前是首屈一指的，所测天体的位置误差已经小于2′，几乎达到了肉眼观测所能达到的精度的极限。在第谷所绘制的恒星表中收入了1000颗恒星。

1571年12月出生于德国的开普勒经过长期的细致观测和缜密的科学运算，先后提出了有关行星运著名的动的三大定律：第一定律认为，所有

图 3

的行星绕太阳公转的轨道都不是纯正的圆形，而是一个稍扁的椭圆，太阳位于椭圆的一个焦点上；第二定律（也叫面积定律）认为，对于所有的行星来说，在行星绕日公转过程中，行星的向径（太阳中心到行星中心的连线）在相等的时间内所扫过的面积相等；第三定律认为，对于每一颗行星来说，行星到太阳的平均距离的立方与该行星绕日公转的周期的平方成正比。开普勒行星运动三定律的发现是对哥白尼学说的重要发展，它使日心体系与观测的结果更加吻合。此外，行星运动三定律的提出还为牛顿发现万有引力定律提供了观测基础。

伽利略于 1564 年 2 月 15 日生于意大利。1609 年，他亲手制造和改进了几架望远镜用来观测星空。他发现所见的恒星的数目随着望远镜倍率的增大而增加；银河是由无数个单个的恒星组成的；月球表面上有崎岖不平的现象；金星也有圆缺的变化；木星有 4 颗卫星；太阳当中有黑子现象。这些发现当时轰动了整个欧洲。

英国科学家牛顿出生于 1642 年 12 月 25 日。开普勒在牛顿之前从观测的结果得出了行星运动的三定律，但是对于行星为什么要按这些规律运动，他却未能作出解答。牛顿从数学上解答了这个问题，这就是伟大的万有引力定律。传说牛顿是受苹果落地的启发而发现万有引力定律的。这一定律认为，所有的物体之间都存在着吸引力，两个物体之间的吸引力的大小与它们质量的乘积成正比，而与它们之间的距离的平方成反比。宇宙中各个天体之间的运动也都是万有引力作用的结果。

在这一时期，用于天文观测的各种望远镜相继问世（图 4）。1608 年，

图 4

荷兰眼镜商里帕席的一个学徒无意中发现把两块透镜一前一后放置可以放大远处的物体，里帕席立即根据这一现象制成了第一架望远镜，并将它奉献给荷兰的行政长官。后来，这个长官拨款让他生产用来武装荷兰海军的军用望远镜。伽利略是最早利用望远镜观测太空的人，他所取得的伟大成就让人们认识到了望远镜在天文学上的广泛用途。伽利略制成天文望远镜后仅仅两年，开普勒出版了《光学》一书，提出了一种新型的望远镜——开普勒望远镜（图5），它可以十分方便地测量天体的位置，很快就取代了伽利略望远镜而成为天文观测的重要工具。由于技术条件和工艺水平的限制，这些望远镜要想达到较高的倍率是很困难的。后来，一种新型的利用光的反射原理制成的望远镜——牛顿望远镜问世了。这不但解决了望远镜的尺寸问题，更重要的是解决了透镜望远镜引起的色差问题，使成像更加清晰。反射望远镜的出现，帮助人类发现了天王星和小行星的存在。

图5

在这一时期，人类已经对太阳系的形成展开了有关研究。牛顿也曾考虑过太阳系的起源问题，但是由于当时的科学技术的局限性，再加上牛顿后半生潜心钻研神学，他认为太阳系的形成单凭自然力是无法办到的，只能归之于至高无上的主宰者的意图和设计。牛顿在他的书中写道："没有神力之助，我不知道自然界中还有什么力量。"正是上帝做了"第一次推动"。德国哲学家康德和法国天文学家、数学家拉普拉斯则提出了太阳系形成的"星云说"，这一学说的最大的历史功绩，就是从根本上否定了牛顿提出的上帝对行星运动做了"第一次推动"的说法，说明了地球和整个太阳系是某种在时间的进程中逐渐生成的东西。康德和拉普拉斯的星云说不仅是自然观上的一场划时代的革命，而且在天文学中开创了一个新的领域——天体演化学。这时，银河系的概念也正在逐渐创立起来。

从17世纪末到19世纪上半叶还诞生了天体力学，并且取得了辉煌的成就。它使天文学不再只是单纯地描述天体的视位置和几何关系，而是进入到了研究天体之间的相互作用的阶段，也就是说，从单纯研究天体运动的状况发展到研究天体运动的原因的阶段，使人类对天文学的研究不再仅仅是停留于各种各样的假说，这是人类认识宇宙的一次重大的飞跃。

想象中的天文学

人类的发展离不开富有创造力的想象，对于天文学这样一门深奥的学科来说，更离不开想象。

天体的运行，既是一个古老的话题又是一个现实的课题（图6）。说它古老，是因为自人类文明史以来，不知有多少人在漫长的岁月里，进行过无数次的观察、思考。随着人类社会文明的进步，断断续续地进行过许

图6

多研究，终于逐步找出了一些基本的规律，找出了一些天体运行中的相对变化，为人类的生活和生产服务以及社会发展起到了一定的作用。说它现实，是因为人类发展到了今天——科学技术飞速前进的高科技时代，人们仍在不停地致力于对天体的演化、天体的运行进行更进一步的观测、探索、掌握，以便更精确地编制历法、守法、预测和预报其变化，为人类的现代化生产和生活服务。但是，到目前为止，人们还是不了解天体运行的动力机制是什么，这一难题从古到今始终困扰着人类（图7）。天体的运行和变化与人类的现实生活有着千丝万缕的联系，与人类的生存和发展有着密切的关联，因此人们一天比一天渴望能解开这一难题，进一步了解其中的奥秘。

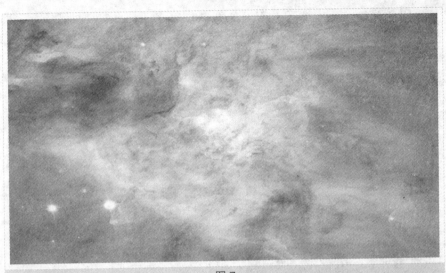

图7

　　大约在 1 万年前，人类历史上的新石器时代开始了，人类活动开始从原始的狩猎和采集经济向原始的畜牧业和农业过渡，开始饲养家畜，种植农作物。放牧需要水源和牧草，人们为了寻找水源和牧草，需要辨别方向；牧草的生长和牲畜的繁殖有一定的规律性，要求人们了解季节的变化；农作物的播种、生长、成熟、收割也与天气、气候、季节的变化密切相关，人们需要了解农时。"日出而作，日落而息"，太阳的升起和落下使人们产生了"日"的概念。到了晚上，人们只能依靠月光来照明，对月亮有规律的圆缺现象的观察使人们产生了"月"（朔望月）的概念。正如恩格斯所指出的那样："首先是天文学——游牧民族和农业民族为了确定季节，就已经绝对需要它了。"天文学，这门诞生得最早的科学，正是在新石器时代到来的时期，由于原始的牧业和农业生产的需要而产生和发展起来的。

　　从公元前 4000 年到公元前 3000 年左右，在西亚的两河流域（巴比伦）、南亚的印度河流域（印度）、东亚的黄河流域（中国）以及非洲的尼罗河流域（古埃及），先后出现了原始的农业定居点，天文学在这些地区诞生了。当时人们对天与地的认识来源于通过观测到的现象所展开的丰富的联想。

　　古巴比伦人最早把天和地设想为浮在水上的两个扁盘。后来新巴比伦的迦勒底人进一步设想地是半球形的，周围是海洋，正中是高山，河流从正中发源，天是大地之上的一个更大的半球，天的东西两侧各有一根管子，太阳每天从东边的入口升起，到西边的出口落下。古巴比伦人甚至已经能够把黄道（地球在一年中绕太阳运动所经过的路线）分为十二官，产生了天、小时、分钟、秒钟的时间概念和周天、度、分、秒等角度概念（图8）。

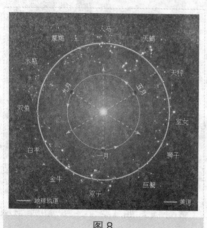

图8

人们还通过对天体运动的观察发现了在恒星之间穿行的水星、金星、火星、木星、土星这5颗行星。巴比伦人除了有年、月、日的概念外，还提出了另一个时间单位——星期，并用太阳、月亮和5大行星的名字来命名一个星期中的7天。

古埃及人认为世界是一只长方形的盒子，地是盒底，天是盒盖，四周是高大的山顶，托起了天。为了"计算尼罗河水的涨落期的需要，产生了埃及的天文学"。早在公元前27世纪~公元前22世纪，古埃及人已经能够根据天狼星来预报尼罗河的周期性（1年）泛滥，把一年分为365天，后来又逐渐认识到一年应该是365.25天。人们把昼夜各分为12小时，由于白天和黑夜的长度是变化着的，因此，这是一种不等时的计时制度（图9）。到了公元前14世纪，古埃及人有了计时仪器——漏壶。古埃及人发明了一种名叫麦开特（Merkhet）的天文仪器，用来测定天体的地平高度（天体和观测位置的连线与地平面的夹角）。埃及的金字塔举世闻名，金字塔的定位非常准确，要知道，当时并没有指示方位的罗盘，只能用天文方法进行测量，可见当时古埃及天文定位的精度已经非常高了。

古印度人把大地想象为负在几只大象身上，象则站在巨大的龟背上。

图9

图 10

公元前 10 世纪～公元前 5 世纪，印度人把赤道附近的恒星分为 27 或 28 个"纳沙特拉"（星宿）（图 10）。古印度的天文学深深地受到巴比伦天文学和希腊天文学的影响。

古希腊是欧洲古代文化的发源地。公元前 6 世纪，阿那克西曼德提出地球为圆柱体，外面是被若干天层包围着的宇宙图像的理论。公元前 6 世纪末～公元前 5 世纪初，毕达哥拉斯最早提出了地球是球形的。公元前 433 年，默冬提出了 19 年 7 闰的置闰法（默冬章法）。公元前 5 世纪末，希色达和埃克方杜斯提出地球每天绕轴自转一周的见解。公元前 4 世纪上半叶，欧多克斯运用几何学定量解释行星的视运动，提出一套倾角各异、互相套叠的同心球体系。公元前 4 世纪下半叶，亚里士多德提出一种地心体系（水晶球理论）。公元前 3 世纪，阿利斯塔克著《论日月的大小和距离》一文，并提出了早期的日心地动说。公元前 3 世纪下半叶～公元前 2 世纪初，埃拉托色尼用巧妙的方法测量出了地球的大小。

古时中国人认为天像倒扣着的锅，大地是平的，后来又进一步认为大地的中央是凸起的。张衡（78 年—139 年）把天比作一个鸡蛋壳，把地比作鸡蛋黄，天比较大而地比较小。尽管这个看法也是属于地心体系的理论，但是这在当时已是非常难能可贵的了。张衡虽然认为天有一个硬壳，但并不认为硬壳就是宇宙的边界，在硬壳之外还有宇宙，这里的宇宙在空间和时间上都是无限的。张衡在《灵宪》这篇著作中，一开始就力图解答天与地的起源和演化问题。他认为在天与地未分开以前，天地是混混沌沌的一片，当天与地分开以后，较轻的东西上升成为天，较重的东西则下降凝结成为地。天为阳气，地为阴气，二气互相作用，创造出了宇宙中的万物，从地溢出的气变化成为星。张衡用"近天则迟，远天则速"，即用距离的变化来解释行星运行的快慢。现代科学已经证明，行星运动的快慢的确是和它同太阳距离的远近相关的，较近的速度比较慢，较远的速度比较快。张衡的解释具有一定的合理性。他不仅仅注意理论研究，还十分注重实践

图 11

活动。他曾亲自设计和制造了漏水转浑天仪、候风地动仪（图 11），这是两件杰出的仪器，在当时处于世界上的领先地位。

浑天仪相当于现在的天球仪，最初是西汉时期的耿寿昌发明的，张衡对它做了一番改进。浑天仪的主要部分是一个大圆球，上面画有恒星以及天极、赤道、黄道等，用来作为浑天说的演示仪器。他用齿轮系统把浑象和一套设计精巧的计时漏壶结合起来使用，让漏壶滴水推动着浑象旋转，使转动非常均匀，一天刚好转一周。于是，人们只需要在屋子里观看浑象，就可以知道某一颗星当时在天空中处于什么位置。

候风地动仪制成于顺帝阳嘉元年（公元 132 年），是世界上第一架测定地震方位的仪器。地动仪是用铜制成的，形状酷似酒樽，在它的内部，中间竖着一根粗大的柱子，柱子的周围有 8 根横杆连接到外面。外面有 8 条龙，每条龙的龙头朝下，分别伸向 8 个不同的方向，每条龙的嘴里都衔着一个小铜球，正下方蹲着 8 只张着嘴的蟾蜍。如果在某一方向发生了地震，

柱子就会倒向那个方向的横杆，位于那个方向的龙嘴就会吐出铜球，落到蟾蜍的嘴里。这样，人们就可以知道在什么方向发生了地震。公元138年，地动仪准确地测到了发生在陇西的一次地震。当时，地动仪上冲着西面的那条龙，突然张嘴吐出铜球，"咣当"一声，铜球落在下面蹲着的蟾蜍嘴里。几天之后，从陇西传来了消息，在龙吐出铜球的那一天，那里发生了地震。遥远的地震被地动仪测出来了（图12）。这个地动仪比欧洲的地震仪要早出1700多年。张衡还发明了测定方向的候风仪，制成了当时只是在传说中有过的指南车。

图 12

张衡还对许多具体的天象作了观察和分析，并得出了比较正确的结论。他指出月球本身并不会发出可见光，我们之所以能够看到月球，是因为它能够反射太阳的光。他还基本上掌握了月食的原理，并对此作出了详细的论述。通过仔细的观测，张衡统计出在中原地区能看到的星星的个数约为2500颗。他还测出了太阳和月球的平均角直径是圆周的1/736，即29′21″，我们目前所测得的太阳和月球的平均角直径分别为31′59″.26和31′5″.2。可见在2000多年以前，张衡的测量值是相当准确的。

为了表达对这位伟大的科学家的仰慕与爱戴，人们把月球背面的一座环形山命名为"张衡"。我国紫金山天文台于1964年10月发现的一颗小行星也是以张衡的名字来命名的（图13）。

古代中国人在公元前22世纪左右已经能够把1年分为366日，设置闰月来"定四时成岁"（4年一闰），用4颗昏中星来判断季节，此后，又提出了天干地支、六十甲子、二十四节气等。古代中国对天体的记录也是非常完备的，约公元前1300年左右，就有了行星记录；在公元前687年，有了流星雨的记录；在公元前613年，有了对哈雷彗星的记录；公元前364年，甘德用肉眼发现了木星的卫星；公元前2世纪，有了彗

图 13

星的形态图；公元前 28 年，有了太阳黑子的记录。这些记录在世界天文学上都是最早的。

太空中的天文台

在地球上对外太空进行观测，会受到人类活动很大的影响，在今天这个天空中充满各种各样电波的通信时代更是如此。此外，地球大气中的风、雨、雷、电等大气现象以及大气本身对观测活动也有很多不利的影响。因此，在很早的时候，人类就梦想着在太空中建设天文台。

1968 年 3 月，前苏联发射了"宇宙 215 号"卫星，这是人类的第一个空间天文观测平台。尽管在卫星上配备了 8 架用来研究紫外辐射的望远镜和一架用来研究 X 射线的望远镜，但是，由于卫星的寿命只有短短的 6 个星期，所以取得的成绩非常有限。1968 年 12 月，前苏联发射了天体观测卫星，在这颗卫星上配备了分光器，用来研究从行星上发出的紫外辐射、行星图片和星际物质。

20 世纪 70 年代初期，前苏联还发射了几个高水平的天文空间观测平台。1973 年—1974 年，美国发射了可搭载 3 名乘客的轨道天文平台——太空实验室，在这个平台上配备了 6 架望远镜，用来观测太阳，它们前后一共工作了 171 天。

太空实验室里阿波罗望远镜的安装使人类对太阳的观测平台进入了太空领域（图 14）。它由 8 架红外望远镜组成，用来研究太阳的外层大气——色球和日冕。阿波罗望远镜有自己的太阳天线阵列，为自己提供独立的电力，还有自己的引导控制系统（图 15）。多坞适配器的结构是圆柱形的，长约 5.2 米，口径约有 3 米，用来连接阿波罗望远镜与太空实验室。利用

图 14

图 15

多坞适配器，可以在太空实验室和阿波罗望远镜之间传送宇航员、设备、电力和电子信号。多坞适配器有两个入坞端口，舱口盖设计用来锁定阿波罗望远镜。一个端口作为常规作业，一个端口作为备份。在多坞适配器和轨道工作间之间的区域是一种空间锁定舱，供工作人员来实现太空行走，或者离开空间站，进行航天器之外的活动。这个舱位也有一些控制系统，控制电力、温度、通信、数据处理和数据记录。

"阿波罗"宇宙飞船曾用来实现人类登月，它为宇航员提供了来往太

空实验室的运输工具。这个飞船还使宇航员能够存储实验取得的相应的数据，并返回给地面上的研究人员。当宇宙飞船与太空实验室处于对接状态时，除了通信，宇宙飞船上所有的系统都要关闭，以节约能量。

太空实验室以及它上面的乘客是用实施阿波罗登月项目时所用的"土星号"火箭发射入轨的。一种两级土星 –V 型火箭将没有搭载乘客的太空实验室推入轨道；一种小一点的土星 –1B 型火箭发射的是"运输工具"——搭载有 3 名乘客以及阿波罗的指挥服务舱，在太空与太空实验室实现会合。

1973 年 5 月 14 日，在发射无人太空实验室时，防止灼烧的一个保护罩脱落，打坏了太阳能电池接收板，并导致太空实验室内的温度骤升。第一个载人太空实验室的 3 名乘客——P. 康拉德、J. 科文、P. 文兹，原计划是在 1973 年 5 月 15 日升空，结果推迟到了 1973 年 5 月 25 日，直到美国国家航空和宇航局（NASA）的工程师们设计了各种可能的修理方案后才升空。与太空实验室会合之后，作为权宜之计，宇航员竖起了一把伞来充当挡热板，把太空实验室内的温度降低到一个可以接受的水平。1973 年 6 月 7 日，在多次失败之后，宇航员们最终成功地修好了被隔热保护罩的碎片所打坏的太阳能电池板，使太阳能电池再次充上了电（图 16）。太空实验室 2 号的宇航员们证明了宇航员可以在太空中执行一些用机械无法控制

图 16

实施的任务。

1973 年 7 月 28 日，第二批太空实验室的乘客——A.L.V. 比恩、O. 加利奥特、J.R. 罗斯马升空。在太空实验室里，他们进行了比原计划要多得多的各种科学实验。他们对地球上恶劣的天气状况、奇异的太阳景观进行了仔细的观察并拍下了照片，还完成了大量的生物医学实验。在这些生物学研究中，有一个实验是研究失重是否会对蜘蛛织网造成影响。宇航员们还开了 3 次会，研究如何对太空实验室里的硬件进行更进一步地维修，如何更进一步地扩大实验，如何消除用相机对地球进行拍照时产生的烟雾。

G. 卡尔、E. 吉布森、B. 保格 3 人是第三批太空实验室的成员，他们于 1973 年 11 月 16 日升空。宇航员们完成了大量计划的实验，还进行了 4 次修理活动。他们还观察到了科胡特克彗星（图 17）。一些天文学家曾预言，在地球上看这颗彗星将非常漂亮。实际上，对于地球来说，这颗彗星显得相当暗淡。但是，从太空中看，它既

图 17

十分清楚，又十分明亮。宇航员们在太空中生活了 84 天，其间，由于失重的影响，他们的身高有微弱的增加，体重有所减轻。来自宇航员的生物学实验增加了人类在太空中的停留时间，这对 NASA 未来的团体航天项目非常有用。

第三批太空实验室的乘客搭乘飞船返回舱返回地面之后，太空实验室又在轨道上停留了 5 年多。1979 年 7 月，它进入了大气层，因与大气摩擦所产生的高温而破碎了。NASA 的技术人员引导它坠入了印度洋，但是一些碎片坠落到了遥远的澳大利亚，幸运的是没有人受到伤害。总体上说，NASA 认为太空实验室项目非常成功，并且已经提供了许多例子，说明未来人类的大规模太空旅行是现实的。

20 世纪 80 年代，红外天文卫星（IRAS）成功发射，这给红外天文学研究带来了新的生机和活力。其他专门用途的卫星的使用也成功地拓展了从紫外辐射天文学、伽马射线天文学直到 X 射线天文学的研究领域。有几

图 18

个空间探测器也可以算作小型的观测平台，包括发往其他行星和彗星的飞行器。

哈勃空间望远镜（HSI）是第一个多用途轨道天文台（图 18），用美国天文学家 D.P. 哈勃的名字来命名。1990 年 4 月 24 日，价值 15 亿美元的哈勃空间望远镜被安放到了距地球 500 千米的轨道上，它在紫外和可见光的电磁波谱范围内进行观测。从原理上来说，它的光学部分在进行可见光观测时能够分辨出的角距可以达到 0.05 角秒（从两个物体到观测点的连线夹角是 0.05 秒，也就是只有圆周角的 1/25920000。要知道，在地球上，即使是在良好的天空观测条件下，传统的大口径望远镜的分辨率也只有约 0.5 角秒，哈勃空间望远镜的使用使人类对太空的观测能力提高了 10 倍以上。

最初，哈勃空间望远镜配备了 5 个探测器：广角行星照相机、暗物体照相机、暗物体光谱仪、高分辨率光谱仪和高速光度计。此外，它还配备了 3 个精细导引传感器，可以用来进行精确的测量，比如测定恒星距地球的距离。因为在加工这个望远镜的主要镜面时发生了一个错误，导致哈勃空间望远镜最初未能达到设计时所要求的精确度（图 19）。1993 年 12 月，一个保养小组的工作人员乘航天飞机成功地修复了这一问题。与其他的 4 个设备不同，广角行星照相机有一个不同的光学通道，用另一架照相机代替了它。即使是在这些问题没有解决的时候，哈勃空间望远镜也传来了大量有用的图像。比如，它显现出了旋涡星云 M51 神秘的阴暗结构。现在，

图 19

哈勃空间望远镜的分辨能力已经达到了设计时的要求，对旋涡星云 M51 逃离银河系的速度的计算精度显著提高，这个速度是它与银河系的距离的函数。计算结果还可以用来计算宇宙的年龄。

1994 年 6 月，美国的一个科学小组宣称，哈勃空间望远镜已经提供出了第一个有力的证据，说明存在黑洞：环绕在 M87 星系中心附近的气体的加速表明存在一个巨大的天体，质量相当于 25 亿—35 亿个太阳。另外，1994 年 7 月，当苏梅克—列维 9 号彗星的碎片撞击木星时，哈勃空间望远镜还提供了我们所能得到的最好的图片。哈勃空间望远镜详细地拍到了彗木相撞图片，为科学家用光谱分析来确定木星大气的化学成分提供了很好的数据。

1997 年，"发现者号"航天飞机上的宇航员对哈勃空间望远镜进行了另一次维修。他们用一个叫做空间望远镜成像光谱摄制仪的设备换下了高分辨率光谱仪和暗物体光谱仪，取代了这两个设备的工作，并融入了一些最新的技术。哈勃空间望远镜上也有一些红外望远镜，叫做近红外照相机和多用途分光器，这些设备扩展了哈勃空间望远镜所研究的电磁波谱的波长范围。在维修中，宇航员发现哈勃空间望远镜的一些绝缘体坏了，他们就设法将绝缘毯盖到破口处并用电线和绳子系起来。

新设备有助于哈勃空间望远镜继续记录下重要的发现（图 20）。1998 年，哈勃空间望远镜又给天文学家们提供了最新的图像——星系碰撞、类星体宿主星系（非常遥远但却非常明亮的天体），以及曾经仅仅是

图 20

我们推测中的第一颗太阳系之外的行星。

现代天文学

19世纪中叶以来，天文学的发展进入了现代天文学时期。

在19世纪中叶以前，人们局限于使用望远镜配合人眼对天体进行观测。这种观测方法尽管带来了许多重要的天文发现，但却无法揭示出天体的物理本质。牛顿的经典物理学创立之后，天文学在不同的研究方向产生了许多重要的分支。受牛顿万有引力定律的影响，人们对古老的有关行星运动的问题，用天体力学的方法重新进行了研究，对天体的运动和形状的研究从此进入了一个崭新的历史阶段，天体力学正式诞生了。虽然牛顿未曾提出过这个说法，仍用理论天文学来表示这个领域，但牛顿实际上是天体力学的创始人。

19世纪中叶，分光术、测光术、照相术几乎同时运用到天文学中来，改进的望远镜技术使人类可以清楚地观察行星的表面，发现许多较暗的恒星，测量恒星之间的距离，使人类了解到天体的化学物质组成和它们的运动，导致天体物理学的诞生（图21）。于是，人类对天体的认识又产生了一次质的飞跃，从只能研究天体的力学运动发展到了能够研究天体的各种物理的运动和化学的运动。

进入20世纪以后，量子力学的诞生，为天体物理学的进一步发展提供了强有力的理论武器。接着，1915年广义相对论的创立导致现代宇宙学的诞生。越来越巨大的反射望远镜建造了出来，利用这些设备天文学家先后

图21

进行了各种研究。现在已经发现了被称作银河系的巨大天体系统的结构，还发现了许多更加遥远的与银河系类似的成群的恒星系统——河外星系。20世纪20年代，河外星系的发现又一次扩充了人们的视野，翻开了人类探索广袤宇宙的崭新的一页。

20世纪后半叶，物理学的发展又导致了一些崭新的天文观测设备的产生。1957年，前苏联发射了人类第一颗人造卫星，从此，航天事业取得了很大的发展，这对于天文学来说，意义非同寻常。已经有一些设备被安装在绕地球运转的人造卫星上了，这样也就有了设在太空中的天文台。这些设备对很宽频率范围内的辐射波都非常敏感，这些辐射波包括伽马射线、X射线、紫外辐射、红外辐射，甚至还包括无线电范围内的电磁波谱。射电探测技术和空间探测技术的相继兴起，使探测天体的波段从单纯的光学波段发展到了整个电磁波波段，迎来了全波段天文学时代。无数新发现纷至沓来，天文学正以前所未有的速度向前发展。

图22

从20世纪60年代开始，人类不停地亲自出发或者派出自己的使者，对外太空进行各种研究。1969年，美国的"阿波罗11号"飞船首次实现宇航员登月探测（图22）；1974年—1975年，美国"水手10号"飞船3次飞越水星，发现水星的表面布满了环形山；1975年，前苏联的"金星9号"和"金星10号"飞船的登陆舱发回首批金星表面的照片；1976年，美国"少将1号"和"少将2号"的登陆舱实现了在火星上的软着陆，拍摄到了着陆点附近的清晰的照片，并进行了生物探测实验；1979年，美国"旅行者1号"飞船发现木星光环和木卫星上巨大的火山爆发现象；1979年—1981年，美国的"先驱者11号"、"旅行者1号"和"旅行者2号"飞船发现土星的奇特磁场、土星光环的复杂结构以及多颗新的土星卫星；1986年，美国的"旅行者2号"飞船飞越天王星，探测到天王星光环的复杂结构、天

揭开宇宙的秘密

图 23

王星的磁场和辐射带以及多颗新的天王星卫星（图 23）；1999 年，中国第一次航天飞船无人试飞取得成功，成为世界上第三个掌握载人航天飞行技术的国家。

射电天文学

　　人类一直渴望能够看得远、听得清，想拥有千里眼、顺风耳，科学高速发展的今天，这一理想终于变成了现实，这就是射电天文学的诞生。

　　射电天文学是天文学的一个重要分支学科，它主要是通过研究天体所发出的位于电磁波谱中无线电波长部分的电磁辐射来开展对天体和天体物理现象的研究工作。

　　19 世纪后期，人类已经开始尝试探测天体所发出的无线电波。1932 年，美国无线电工程师K.G.詹斯开在贝尔电话实验室中，在做远距离地面无线电干扰源的定位实验时，第一次探测到了来自银河系附近区域的无线电噪音。后来，美国工程师G.雷布尔用设置在威顿（伊利诺斯州）的家庭后院中的口径为9.5米的抛物线型天线画出了这个巨大的无线电辐射的分布图。1943年，雷布尔还发现了来自太阳的长波无线电。后来，人们认识到，早在几年之前，当强烈的太阳爆发干扰了英国、美国和德国设计的用来侦测飞行器的雷达系统时，人们已经检测到了太阳所发出的无线电波。在第二次世界大战时期，雷达天线和灵敏的无线电接收器取得了很大的进步。在20世纪50年代，射电天文学迅速发展起来，无线电专家把他们在战争时期的雷达技术转移到了天文研究上来，

他们在澳大利亚、英国、荷兰、美国、前苏联建立了大量的射电望远镜（图24），一系列非同寻常的发现迅速激起了天文学专家的兴趣。

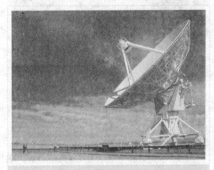

图24

　　收集到的射电数据越来越多，于是，天文学家们把不同的射电源分成了各种类别。从20世纪50年代开始，他们用离得较远的可见星系将许多射电源区分了出来。1963年，对较小的射电源的连续调查终于导致类似恒星的射电源的发现，这种射电源叫做类星体，它们的红移现象非常显著。按照多普勒的理论，它们距地球非常遥远。不久之后，1965年美国射电天文学家A.彭齐亚斯和R.W.尔逊宣称发现了只有3开（零下270摄氏度）的宇宙背景无线电辐射，这对于宇宙起源的演化理论领域很有意义。1968年，一种全新的射电源发现了，这就是脉冲星，很快，人们认识到它是一颗高速旋转着的中子星（图25）。

图25

　　多年来，射电天文学家致力于研究波长在1米左右的无线电波，因为

这种类型的大型天线和高灵敏度的接收器容易建造。随着技术的进步，人们能够建造更大的、更精确的设备，当灵敏的短波长接收设备制造出来之后，研究的波长降到了1毫米。同时，空间技术也允许在电离层之外进行更长波长（20米以上）的长波观测。

无线电的波长相对较长，从大约1毫米直到1000千米以上。因此，射电望远镜的口径必须足够大，这样才能聚焦收到的信号以产生一个良好

图 26

的无线电图像（图26）。世界上最大的固定射电望远镜位于波多黎各的阿雷西博观测台，它是一个口径达305米的碟形卫星天线。一般说来，最大型的完全可操纵的碟形卫星天线的口径在50米～100米之间，它们的分辨率可以达到1角分，与人类的肉眼在光波波段的分辨率相当。收集到的无线电波被望远镜独特的表面聚焦到一个小的角状天线上，这个天线连接有一个非常灵敏的无线电接收机。这个无线电接收机与我们生活中所用的半导体收音机尽管在原理上是相同的，但是它能够检测到弱达10^{-17}瓦的信号。为了获得最佳的接收性能，接收机的关键部件常常要冷却到接近绝对零度（零下273.15摄氏度）。用于谱线观测时，一些专门的接收器可以同时调出多达1000个频率。

为了获得较高的分辨率，天文学家们利用天线阵作为辅助设备，这样可以得到接近1角秒的分辨率，与大口径的光学望远镜在理想的观测条件下所达到的分辨率相当。这种类型的射电望远镜叫做大型天线阵，简称VIA（图27）。

1994年，美国政府批准了一项基金，安装一套称为甚长基线天线阵（VLBA）的设备，这个观测网络由10个射电天

图 27

线阵组成，范围很大，从美国、加拿大边界到普尔多里科，从夏威夷到美国大西洋海岸。预计 VIBA 能提供的角分辨率可以达到一个角秒的 1/5000。加拿大和澳大利亚也在计划类似的项目。

人类的本领早已超过了"千里眼"和"顺风耳"。

年、月、日的来历

年、月、日、星期等的划分我们早已习以为常了，但你知道它们是怎么来的吗？在天文学上，年、月、日的制定属于历法方面的内容。历法是因人们的生活需要而产生的一种测时系统，它把时间分为天、星期、月和年。历法是根据地球的运动而产生的太阳和月亮有规则的出没规律而制定的。一天是指地球以自转轴为中心旋转一周所需要的平均时间，这被称为恒星日，长度为23小时56分4秒；当我们以地球相对于太阳旋转一周来量度时，所得到的一天被称为太阳日，它的时间稍长，就是我们所熟知的24个小时。年的量度则是根据地球绕太阳的公转，这被叫做季节年或太阳年，一个太阳年为365天5小时48分45.5秒。

古老民族对月的计算采用的是2个满月之间的时间或月球绕地球一周所需要的天数（29.5天），这种测量方法叫做朔望月，这导致一个月历年只有354天，比一个太阳年少了11天（图28）。现代的历法中，一个月的天数并不是根据月相来确定的，月的

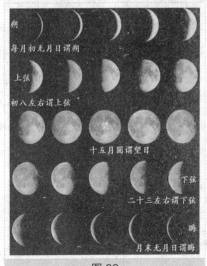

朔
每月初无月日谓朔

上弦
初八左右谓上弦

望
十五月圆谓望日

下弦
二十三左右谓下弦

晦
月末无月日谓晦

图28

长度大约是一年的 1/12（28 天 ~ 31 天），并经过调整以使 12 个月适合一个太阳年。星期来自于人们每工作 7 天需要休息一次的基督教传统，它不是根据自然现象制定的。罗马人给星期中的各个日子起了名字，用以纪念太阳、月球和各个行星。

从古代到现代，历法经历了许多变化，以保证对年的记录的连续性，而又不改变其他的计时单位：日、星期或者月。根据阴历月制定的初期的历法没能和季节一致，必须不时地插入月，这样才能使阴历月与太阳年一致。这种做周期性调整的历法叫阴阳历。

古巴比伦人的历法将 1 年分为 12 个阴历月，每个月有 30 天，并且为了使历法与一年中的季节保持一致，在必要的时候加入额外的月。古埃及人最早使用根据太阳年的阳历历法替换了阴历历法。他们将所测量的一个太阳年中的 365 天分为 12 个月，每个月有 30 天，到了年底再加上 5 天。大约在公元前 238 年，国王普托莱玫三世命令将多出来的 1 天每 4 年加一次，这和现代的闰年很相似。古希腊使用的是阴阳历，1 年有 354 天。希腊人首先以科学为基础在历法中插入了闰月，在一个回归年中的特定时期设置闰月。

最初的罗马历法大约出现于公元前 7 世纪，它将 1 年分为 10 个月，共有 304 天，1 年是从今天的 3 月开始的，另外的 2 个月——1 月和 2 月是后来加上的（图 29）。但是，因为每个月只有 29 天或 30 天，每两年又需要设置一个闰月。天和月的追加权委托给了一些官员，他们为了延长任期，或促进、延误选举，就滥用他们的职权，随意更改日历，这样，罗马

图 29

的历法就彻底地混乱了。公元前 45 年，在希腊天文学家索斯金斯的劝说下，朱利叶斯·恺撒决定使用纯粹的阳历。闻名的朱利安历法符合通常的 1 年 365 天，每 4 年设置 1 个闰年，闰年时为 366 天。朱利安历法也确定了月和星期中日的顺序，这正如现在的历法一样。公元前 44 年，朱利叶斯·恺撒根

据他的名字将 7 月改了名字。8 月的命名是为了纪念接替朱利叶斯·恺撒的罗马皇帝恺撒·奥古斯塔斯。朱利安历法中的一年比一个太阳年长了 11分 14 秒，这个差距一年一年地积累起来，直到 1582 年，春分日提前了 10天，做礼拜的日期没有出现在适当的季节。为了使春分如同公元 325 年第一届尼西亚会议时一样出现在 3 月 21 日，教皇格雷戈里十三世发布命令，将当年减少 10 天。为了防止今后还会发生这种情况，他颁布了新的历法，这就是阳历，规定凡能被 400 除尽的世纪年为闰年，其他的世纪年都是普通的年。这样，1600 年是一个闰年，但是，1700 年和 1800 年是普通年。阳历或新历在整个欧洲慢慢地被采用了。今天，大部分西方国家以及亚洲的部分国家广泛使用这种历法。英国在 1752 年采用阳历的时候，修正了一个 11 天的矛盾，1752 年 9 月 2 日后面的那一天就成为 9 月 14 日了。英国接受了将 1 月 1 日作为新的一年的第一天。前苏联在 1918 年采用了阳历，希腊在 1923 年采用了阳历。但是，为了基督庆典，隶属于希腊教会的很多国

图 30

家保留了朱利安历法或旧历（图 30）。因为使用耶稣·基督的出生日作为新的一年的开始，所以旧历法又被叫做基督教历。基督教历的元年被作为公元前和公元后的分界。

　　基督的出生原来被认为是在公元前 1 年 12 月 25 日，但是，现在的学者把这一天放在了公元前 4 年。旧历主要是基督教历法，官方的基督教历法

图 31

用公历来标出圣洁日、悔过日、礼拜日等等，包括类似圣诞节这样的固定节日和复活节这样的变动着的节日。最重要的早期教会历法早在公元 345 年已经由F.D. 菲劳凯拉斯编制好了（图 31）。在大革命后，德国的路德教会保留了罗马历法，英国教会等一些英派教会也

是这样做的。新教的历法仅仅保留了那些源于圣经的节日。

还有几种历法也是建立在宗教基础上的。比如，犹太教历法来源于古希伯来历法，一直保留到公元 900 年都没有改变。今天，它仍然是以色列的官方历法，被全世界的犹太人作为宗教历法使用。希伯来年历起始于公元前 3761 年。犹太历法是阴阳历，阴历的月有时是 29 天，有时是 30 天，多出来的一个月在 19 年当中每 3 年插入一次。

四季的发现

地球上为什么会有春的萌芽、夏的生长、秋的收获、冬的蛰伏呢？四季的产生究竟是什么原因？

我们都很清楚地知道，地球是在绕着太阳公转的。黄道（地球绕太阳公转在一年中所经过的道路）并不是一个标准的正圆形，而是一个稍扁的椭圆形。于是，在一年当中，地球有的时候离太阳较近，有的时候离太阳较远。说到这里，你可能会想：噢！对了，当地球离太阳较近的时候，就应该是夏季；当地球离太阳较远的时候，就应该是冬季；当地球离太阳既不算太近，又不算太远时，就应该是春季或者秋季。不幸的是，你错了。道理很简单，地球离太阳最近的时候大约在 1 月初，这时候，南半球正值夏季，但是，北半球却恰好正值冬季；地球离太阳最远的时候大约在 7 月初，这时候，

图32

南半球正值冬季，但是北半球却恰好正值夏季。难道说，北半球和南半球与太阳的距离差别那么大？当然不是（图32）。所以，地球上春夏秋冬四季的产生并不是因为地球与太阳的距离发生了变化，而是有其他的原因。

地球在绕太阳公转的同时，还在不停地自转。地轴（地球自转所围绕的轴）不是竖直的，而是倾斜的，地轴偏离竖直方向的角度大约是23.5度，这个角度叫做黄赤交角。于是，赤道所在的位置也就不再是水平的了，而是倾斜的，倾斜的角度也是23.5度。假设地球不是倾斜的，而是直着身子绕太阳公转，那么在一年当中（地球绕太阳公转一周），获得太阳的光和热最多的地方（太阳直射点）将一直在赤道地区，从这一地区往地球的南北两极去所获得的太阳的光和热则逐渐减少，并且始终没有什么变化。这样，一年当中，各地的气温也就不会有什么变化，也就不会有春、夏、秋、冬这样的四季变化了。

事实上，地球并非直着身子绕太阳转，而是斜着身子绕太阳转。于是，一年当中，获得太阳的光和热最多的地区（太阳直射点）并不总是位于赤道地区，而是在赤道地区的南北两侧来回移动，一年一个来回（图33）。

在南北半球，获得太阳的光和热最多的位置（太阳直射点）往北最远能够到达北纬23.5度，往南最远能够到达南纬23.5度，这两个位置分别叫做北回归线和南回归线。

每年的3月21日前后，获得太阳的光和热最多的位置（太阳直射点）位于亦道地区。这个时候，在南北两个半球，所获得的太阳的光和热是相对应的，都是往两极去逐渐减少，在

图33

世界各地，白天和黑夜的长度都相等，太阳在早上6点钟从东方升起，到晚上6点钟从西方落下。这个日期，在天文学上叫做分日（在北半球是春分日，在南半球是秋分日）。

每年的3月21日过后，获得太阳的光和热最多的位置（太阳直射点）

逐渐离开赤道，向北移动。在这一过程中，北半球各地的昼夜不等长，昼长夜短，并且昼一天一天地变得越来越长，夜一天一天地变得越来越短，越往北去，白昼的时间就越长，在北极点周围的地区，出现了极昼现象（白昼的时间是 24 小时，没有黑夜），出现极昼的地区范围逐渐从北极点向北极圈扩大；南半球各地的昼夜也不等长，昼短夜长，并且昼一天一天地变得越来越短，夜一天一天地变得越来越长，越往南去，黑夜的时间就越长，在南极点周围的地区，出现了极夜现象（黑夜的时间是 24 小时，没有白昼），出现极夜的地区范围逐渐从南极点向南极圈扩大。直到 6 月 22 日左右，获得太阳的光和热最多的位置（太阳直射点）到达最北的纬度（北回归线），

图 34

这时，北半球各地昼最长夜最短，越往北去，白昼的时间就越长，在北极点到北极圈地区，全部出现极昼现象，出现极昼的地区范围达到最大；南半球各地昼最短夜最长，越往南去，黑夜的时间就越长，在南极点到南极圈地区，全部出现极夜现象，出现极夜的地区范围达到最大（图 34）。这个日期，在北半球是夏至日，在南半球是冬至日。

每年的 6 月 22 日过后，获得太阳的光和热最多的位置（太阳直射点）逐渐离开北回归线，向南移动。在这一过程中，北半球各地的昼夜不等长，昼长夜短，并且昼一天一天变得越来越短，夜一天一天变得越来越长，越往北去，白昼的时间就越长，出现极昼的地区范围逐渐从北极圈向北极点缩小；南半球各地的昼夜也不等长，昼短夜长，并且昼一天一天地变得越来越长，夜一天一天地变得越来越短，越往南去，黑夜的时间就越长，出现极夜的地区范围逐渐从南极圈向南极点缩小（图 35）。直到 9 月 23 日左右，

图 35

获得太阳的光和热最多的位置（太阳直射点）到达赤道，这时，南北半球各地昼夜平分，极昼、极夜的地区范围缩小为零。这个日期，在天文学上也叫做分日（在北半球是秋分日，在南半球是春分日）。

每年的 9 月 23 日过后，获得太阳的光和热最多的位置（太阳直射点）逐渐离开赤道，向南移动。在这一过程中，南半球各地的昼夜不等长，昼长夜短，并且昼一天一天地变得越来越长，夜一天一天地变得越来越短，越往南去，白昼的时间就越长，在南极点周围的地区，出现了极昼现象，出现极昼的地区范围逐渐从南极点向南极圈扩大；北半球各地的昼夜也不等长，昼短夜长，并且昼一天一天地变得越来越短，夜一天一天地变得越来越长，越往北去，黑夜的时间就越长，在北极点周围的地区，出现了极夜现象，出现极夜的地区范围逐渐从北极点向北极圈扩大。直到 12 月 22 日左右，获得太阳的光和热最多的位置（太阳直射点）到达最南的纬度（南回归线），这时，南半球各地昼最长夜最短，越往南去，白昼的时间就越长，在南极点到南极圈地区，全部出现极昼现象，出现极昼的地区范围达到最大；北半球各地昼最短夜最长，越往北去，黑夜的时间就越长，在北极点到北极圈地区，全部出现极夜现象，出现极夜的地区范围达到最大。这个日期，在北半球是冬至日，在南半球是夏至日。

每年的 12 月 22 日过后，获得太阳的光和热最多的位置（太阳直射点）逐渐离开南回归线，向北移动。在这一过程中，南半球各地的昼夜不等长，昼长夜短，并且昼一天一天地变得越来越短，夜一天一天地变得越来越长，越往南去，白昼的时间就越长，出现极昼的地区范围逐渐从南极圈向南极点缩小（图 36）；北半球各地的昼夜也不等长，昼短夜长，并且昼一天一天地变得越来越长，夜一天一天地变得越来越短，越往北去，黑夜的时间

图 36

就越长，出现极夜的地区范围逐渐从北极圈向北极点缩小（图 37）。直到第二年的 3 月 21 日左右，获得太阳的光和热最多的位置（太阳直射点）再次到达赤道，这时，南北半球各地昼夜平分，极昼、极夜的地区范围缩

揭开宇宙的秘密

图37

小为零。

根据以上的分析可以知道，春分、秋分、夏至、冬至这4个日期正是春、夏、秋、冬4个季节的中间日期，以此为根据可以推算出：在北半球，2月～4月3个月为春季，5月～7月3个月为夏季，8月～10月3个月为秋季，11月、12月、1月3个月为冬季；在南半球，2月～4月3个月为秋季，5月～7月3个月为冬季，8月～10月3个月为春季，11月、12月、1月3个月为夏季。

细心的你可能已经发现一个问题：不对呀！我们这里，3月～5月3个月为春季，6月～8月3个月为夏季，9月～11月3个月为秋季，12月、1月、2月3个月为冬季。比上面所说的分别要晚1个月呀！这又是为什么呢？

原来，我们上面所分析的四季，是纯粹从天文学角度来分析的。实际上的季节变化受到很多因素的影响。当太阳给一个地区的光和热最多的时候，这个地区的温度升高需要一个过程，最高温度出现的时间就会往后推迟；同样道理，当太阳给一个地区的光和热最少的时候，这个地区的温度降低也需要一个过程，最低温度出现的时间也就会往后推迟。不同地区，地面状况不同，吸热、散热的快慢程度也就不同，于是，各地实际四季的到来也就与天文意义上的四季不同了。

Part 2
天文景观

　　我们所在的宇宙有着多种多样、绚丽多彩的天文景观，整个宇宙由各种星云星系组成，而我们所处的地球是位于太阳系里的一颗小行星，太阳系由恒星、行星、卫星和彗星等组成，诸多的星体构成了我们所能观测到的天文景观，美丽的天文景观不仅仅只具有美丽的外表，更重要的是对于人类对宇宙的形成与发展的研究和对于天文的探索。

地 球

地球的诞生

远在 60 多亿年以前，那时天空中还没有光辉夺目的太阳，也没有银光皎洁的月亮，在繁星点点，夜色茫茫的宇宙空间，悬浮着一团巨大而稀薄的尘埃和气体，人们称它作星云。

组成星云的物质微粒，分布很不均匀，有的地方比较密集，有的地方较为稀疏，由于引力的作用，密集而大的微粒逐渐靠近形成不断旋转的巨大"星云体"（图 38），其中心部分逐渐收缩形成了原始太阳，在原始太阳周围的稀疏微粒，因星云的收缩，便逐渐向原始太阳的赤道面集中，由于微粒间相互碰撞和吸引，又逐渐形

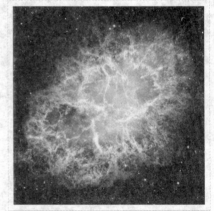

图 38

成了一些大小不等的团块，这些团块最后便形成绕太阳旋转的行星，其中之一便是地球，地球就这样从母体——星云中诞生了（图 39）。

在这段时期，地球内部由于放射性元素的衰变而释放出大量的热量，温度也随之上升，导致内部物质的运行和化学分异，重的物质逐渐移向地心，轻者则移向地表，同时在高温的作用下而熔融为炽热的岩浆，岩浆在地球内部巨大的压力作用下，常常沿着地壳裂缝喷涌而出，形成频繁的火山喷发和强烈地震。

伴随岩浆喷射出来的大量水汽和二氧化碳等气体进入大气层，成为大

气的成分，其中的水汽一部分上升而凝结致雨又流回地表，一部分水汽在来自宇宙和太阳的紫外线照射下，分离为氢和氧，其中氢常冲破地球引力逃逸到太空，余下的游离氧很快便与氨作用形成氮和水，与甲烷作用又形成二氧化碳和水等。经这些分解和结合过程，终于形成了以二氧化碳为主的"次生大气"。次生大气中氧气含量很少，仍不能具备生物的生存条件。

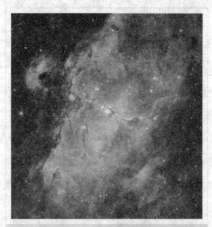

图39

在地球内部物质分异中，高温的岩浆沿地壳裂隙喷发过程中，常因温度骤降而放出大量的水蒸气，冷凝后汇入低洼之处，再加上降水就构成了地球上的原始水层。

大气的出现，为地球上的生命出现提供了原始物质，辽阔的水体的出现又是孕育生命的摇篮，地球内部放射性元素蜕变所产生的热能和火山喷发及雷电，又为生命诞生提供了巨大的能源。

所有这些因素在漫长的时间中，历经千变万化，才迎来了最低等的原始生物的诞生。生命的出现，光合作用开始，大量的海生藻类吸收二氧化碳，放出氧气，从而逐渐地改变着大气的成分。又经过若干亿年后，大气中的氧气才逐渐增多起来，而在高空的氧经过太阳辐射和闪电的作用下，电离生成臭氧，聚集在高空形成臭氧层。

这时地球上便有着稀薄的大气、广阔的海洋、低级的生物和坚硬的地壳，构成了今日自然环境的"雏形"（图40）。以后又历经二三十亿年的变化，才逐渐演化成今天的繁荣景象。

图40

地球有多大的年纪？这是19世纪末以来许多科学家很感兴趣的问题，因此，有不少的科学家采用不同的方法来推算地球的年龄，所得出的结果也不大相同。

但根据现有的资料一般认为，自地球从星云分离出来，开始聚集时算起，到现在已有约 60 亿年的历史，这叫地球的天文年龄。若以地球的原始地壳开始算起，至今大约有 45 亿年，这叫地球的地质年龄。

地质年龄的推算，是在 1986 年法国物理学家亨利·贝克勒发现化学元素的放射性质和 1898 年居里夫人发现天然的放射元素后，人们根据岩石中放射性元素的衰变速度来测定岩石年龄，再根据岩石的年龄推测出地球的地质年龄。这种方法是目前测定地球岩石年龄最科学的方法。

图 41

根据这种方法，人们计算出世界各地的最古老岩石的年龄，一般都在 30 亿年到 40 亿年之间（图 41）。如南极洲的火山岩为 40 亿年，格陵兰的片麻岩为 37 亿 ~ 38 亿年，非洲和乌克兰也测到过 35 亿年的岩层，美国明尼苏达州的片麻岩为 33 亿年等。另外有人对来自宇宙空间的陨石和月岩进行测定，陨石年龄都在 45 亿岁，月岩也为 45 亿岁，月球的土壤年龄为 46 亿岁。根据以上科学推测，目前认为地球的年龄就为 46.6 亿岁。

用放射性同位素的方法测出的地球年龄，叫绝对地质年龄。另外地质学上还经常使用地球的相对地质年龄，即地表的地质年代。地质年代是指组成地壳全部岩层从老到新所经历的时代。

人们根据岩层的顺序和古生物特点，把整个地质时代从古到今划分 5 个代，即太古代、元古代、古生代、中生代和新生代。就好像人类整个历史分为许多朝代一样。在每个代中又划分为若干个纪，如古生代可分为寒武纪、奥陶纪、志留纪、泥盆纪、石炭纪和二叠纪；中生代又分为三叠纪、侏罗纪和白垩纪；新生代又分为第三纪和第四纪。

这些纪的名称大多是以某国的一个地名、民族的名称或岩层的特征来命名，如寒武纪是根据英国威尔士西部一座山的古名来命名，奥陶纪和志留纪是根据英格兰南部和威尔士的两个古代部落名称来命名等。在

图 42

每个纪中又分为若干个世。与地质年代的代、纪、世等地质时代单位相对应的地层单位分别叫界、系、统；如太古代所对应的地层单位称为太古界，与寒武纪对应的地层单位称为寒武系等（图 42）。

组成地壳的地层种类繁多，要把它们按时间的先后从老到新排起来，就必须知道哪些地层较老，哪些较新。区分地层的新老关系，一般是根据地层中所含的古生物化石和地层的层位来确定，前者叫古生物法，后者叫地层层序法。

因为生物是从低级向高级连续分期发展的，低级生物的化石只能存在年龄较老的地层中，较高级的生物化石只能在年龄较新的地层中找到。在正常的情况下，地层的位置越在下面年龄越老，越在上面的就越新，因为新的地层总是在老地层的基础上沉积形成。这样就可以把地层的新老关系确定出来。按时代早晚顺序把地质年代进行编年列表，称为地质年代表。

地质年代表反映了地壳历史的发展顺序、过程和阶段，包括了地层和生物的发展阶段，也是地壳历史的自然分期。它不仅对地史和其他许多地质问题的研究起着重要作用，而且也为气象工作者研究地球古代气候或气候史提供了主要的科学依据。

认识地球

地球在太阳系的大家庭中，虽然是一个很普通的成员，但在太阳系九大行星、30 多个卫星和几千个小行星中，它却有"得天独厚"之处。因它无论在体积大小上，运动的周期和距离太阳远近上，都恰到好处。这才使得地球在太阳系所有天体中，是惟独

图 43

具有生命的天体（图43）。今天地球上所呈现出的优美自然环境和欣欣向荣的景象，除地球本身所具有优越条件外，还与太阳有着十分密切的联系。

首先，太阳以它强大的引力，支配着地球沿一定轨道运动，同时又以它巨大的光和热，照亮和温暖着地球，地球上一切生命过程和大气中所发生的一切物理过程及天气现象，都是以太阳给予地球的光和热作为基本动力的。如大气中的气压、温、湿等气象要素的时空分布和变幻多端的风雨雷电等天气现象，都与太阳息息相关。太阳的热量是以辐射形式传输到地球上来，由于地球是个球体，因此在同一时刻不同纬度上所接收到太阳辐射能量也不问，这些就造成了地球上气候在地点上和时间上的差异，形成了不同的气候带和不同的环流系统。

其次，太阳活动所释放的短波辐射和粒子流，能使距地面高8千米至100千米、100千米至120千米和150千米至500千米的三个层次的大气分子，全部或部分分离，形成了包括大气 D 层、E 层和 F 层的电离层。若太阳活动不断增强，大气分子则会进一步电离，造成大气中离子浓度增高，吸引电波性能增强，从而导致地面无线电通讯中断。特别是还会引起太阳辐射的改变，从而导致地球上天气和气候的变化。

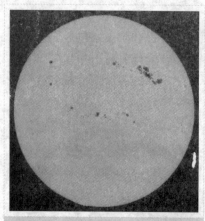

图44

太阳活动对气候和天气的影响，早在180多年前就有人进行研究，如1801年英国天文学家歇尔曾提出：当太阳黑子少时，地面雨量也会减少（图44）。后来又有人从资料统计中发现，地球上的降水量增减周期与太阳黑子兴衰周期一致，都是11年。

在我国也发现太阳黑子在11年周期的低值年附近时，我国常常出现南涝北旱的天气。太阳活动对气候的影响，现在普遍认为太阳黑子活动衰弱时，地表气温下降，气候变寒冷，黑子活跃时，气候则变暖。此外，太阳活动增强还会引起一些地区气压增加、雷暴天气频繁，还会使高层大气的温度、密度发生很大变化，从而引起人造卫星、空间飞行器和导弹等运行轨道发生变化。总之，太阳和太阳活动对地球的影响涉及到各个领域，还有待于今后不断进行探索。

地球的形状是个旋转椭球体，这也是人所共知的事，但人们得出这样一个概念是经历了几千年的不断探索才逐渐形成。

远在周代（公元前 11 世纪），我国人民根据直观的感觉，认为天是圆的，像一口倒扣着的大锅，而地是方的，像一块棋盘，即天圆地方说。后来又发展到天像圆形的斗笠，地像倒扣着的盘子，即"天像盖笠，地法复盘"的新盖天说。

到了春秋战国时（公元前 770 年—221 年），又提出了"天知鸡子，地知卵中黄"的浑天说，有了球形的概念。但明确地提出地球是个球形体，还是欧洲古希腊学者毕达哥斯，他在公元前 525 年前后便提出来了。但当时还无法证明，他只是从球形是所有几何形体中最完美的形体出发，认为地球也应该是一个完美的球形。

图 45

到公元前 350 年左右，古希腊学者亚里士多德根据月食时月球上的地球黑影是一个圆等现象，才证明了地球是个球形体。后来在 1519—1522 年，葡萄牙人麦哲伦率领着 5 艘大帆船组成了一个探险队，他从西班牙海岸出发，横渡大西洋，绕过南美洲，再经太平洋、印度洋，绕过非洲，最后完成绕地球一周的航行回到了西班牙，才更进一步证实了地球的确是个球体（图 45）。这时球形体的学说才得到大多数人的认可。

到 16 世纪时，英国物理学家牛顿，在研究地球自转中，得出地球自转时，其线速度是向两极减少的结果，从而推论出了地球应该是一个两极扁平，赤道略鼓动的椭球体，它的形状大体像个"橘子"，而不是一个圆球，同时还计算出地球的扁率为 1/230，这与现在根据人造卫星观测得出的确切数字 1/298.25 相差很小（图 46）。

他的这一看法遭到法国一些人的反对，因为根据他们测量和计算得

图 46

出的结果恰好与牛顿推论的相反，认为地球是一个赤道收缩，两极突出的长球体，不像橘子而像个"柠檬"。这样便产生一场橘子和柠檬之争，一直争论了好几十年。到 1735 年法国又组织了两个测量队，分别去赤道附近的秘鲁和北极附近的拉普兰，对地球的曲率等进行了 10 年测量，结果得出赤道附近的曲率明显比北极附近曲率大。有力地说明了地球是个扁球体而不是长球体，才结束了这场争论。因为法国科学家们所使用的资料有误，所以错误地得出地球像柠檬的结论。但地球的扁率很小，所以一般肉眼很难看出它是个椭球，反而看起来和圆球差不多。

目前通过人造卫星的观测，发现地球的形状既不像橘子更不像柠檬，而像一个梨子。若忽略其微小差异，大体上把地球看成是个球体或椭球体，也完全是可以的（图 47）。

图 47

对于地球的大小，从古到今也有不少人采用各种方法对它进行过测量，早在公元前 220 年左右，古希腊学者埃拉托色尼就测出了地球大圆的圆周长约为 25 万斯台地亚，约合现今的 39 816 千米，与现在测量的 4 万千米很接近。我国在公元 723 年，

揭开宇宙的秘密

由张遂和南宫说等人，曾测出地球经线一度的弧长为351里80步，约等于现在132.2千米，比现在测得的结果大21千米。

近代对地球采用了各种测量方法，如天文测量、重力测量、大地测量和人造卫星观测等，得出地球大小有关数字如下：

赤道半径6378.160千米

极地半径6356.863千米

平均半径长6371.110千米

体积为10830亿立方千米

表面积为51000亿平方千米

经线周期长为40008.548千米

赤道周长为400076.604千米

质量为5983×10^{18}克

平均密度为5.522克/平方米

对地球形状、大小认识的准确程度，直接影响到一些测量数据的精确性，因为它是确定方向、计算面积和测量高度的基准。它对气象科学也具有重要的意义。

首先，地球有着巨大的质量，它所具有的强大引力，足以将大气层牢牢吸引住。大气分子要脱离地球引力逃散到宇宙空间去，必须要具有11.2千米/秒的速度才行，但大气中没有一种气体分子能达到这个速度。如氧分子在室温下平均速度只有0.5千米/秒，运动速度最快的氢分子，其速度也只有氧分子的4倍，要想逃离地球是不可能的。这样才使得地球穿上了一件厚厚的大气外衣。大气的存在，不仅能抵御来自宇宙流星和紫外线的侵袭，而且只有在这漂渺无影的大气屏幕上，才能欣赏到极光、霓红、华晕、云霞、雷鸣、闪电和雨、露、风、霜等奇妙的自然景象（图48）。

图48

其次，地球的形状是个球体，这就使地球上有昼夜之分和冷暖之别。因平行的太阳光照射在球面上，总是只有一半球受光，另一半球背光，前者的地区成为白昼，后者则成为黑夜。就是昼半球上，虽然都同样被阳光照射，但在不同的纬度和不同的季节，所吸引太阳的热量和被照射的时间长短也不同，因平行的太阳光线射到地面上，与球面的交角（或称太阳高度角）大小在不同纬度也不一样，在太阳高度角大的纬度上吸引太阳热量就多，在高度角小的纬度上吸引太阳的热量就少。这样便造成热量成纬向的分布不均，从而在全球形成了不同的温度带、气压带和风带（图49）。

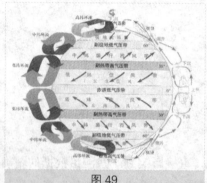

图 49

这是形成各种天气变化和气候类型的主要原因。

第三，由于地球是个椭球体，极半径比赤道半径短 21 千米，故地表距地心的距离是随纬度的增加而减少，这就使地表的重力也随纬度增大而增大。因此不同纬度的气象台站所使用的水银气压表在测定本站气压时，即使在气压相同的情况下，水银柱的示度也会因重力不同而不同，在纬度高于 45 度的地区水银柱的示度值比 45 度的地区偏小，而纬度低于 45 度的地区，水银柱的示度偏大。所以气压表读数必须进行纬度重力订正。

地球在运动中诞生，也在运动中成长；它的运动形式多种多样，既有明显的自转和公转也有着微小的运动。这些运动都与气象科学息息相关，所以有必要对它们进行简要的介绍。

地球本身绕地轴自西向东的旋转称为自转，自转一周所需的时间长 23 小时 56 分 4.09 秒，自转的角速度为每小时 15 度，在赤道上自转的线速度为：

$$V_{赤道} = 2\pi R/T = 2\pi \times 6\,378\,245 \text{ 米} / 86\,164 \text{ 秒} = 464 \text{ 米} / \text{秒}$$

地球自转的线速度是随纬度增加而减少，不同纬度的线速度为：

$$V_{\phi} = V_{赤道} \cos\phi$$

式中 T 为自转周期，ϕ 为纬度，R 为地球半径，V 为自转线速度（图50）。

我国大部分领土位于中纬度，几乎所有国土的自转速度都比波音 747

图 50

型飞机的速度（约965千米/时）快，如广州约1664千米/时，上海约1426千米/时，北京约1269千米/时，最北的漠河也为994千米/时。"坐地日行八万里"就是指赤道上地球自转的线速度，即一天运转八万里。

这样快的速度为什么人们感觉不出来呢？早在公元200多年以前，我们的祖先便作了回答，如古书《考灵曜》中就有"地恒动不止，而人不觉，譬如人在大舟中，闭牖而座，舟行而人不觉也"的记载。就是说地球不停地转动，而我们却感觉不到，就好像人坐在关着窗户的大船中一样，船不停地运动人们却感觉不出来。这主要是因为地球在运动时速度十分平稳均匀，所以才感觉不到它在运动。

虽然地球自转速度很平稳，但也有一些微小得连人或普通仪器都察觉不出的变化（图51）。这种变化早在200多年前就有人提出过，只是未引起人们的注意，直到20世纪初随着科学技术的发展，才证实了地球自转程度有微小的变化，发现地球自转速度在长期减慢，一天的时间逐渐在增长，大约100年中一天的长度要增加1～2毫秒（1秒=1000毫秒），即

图 51

每 10 万年中，一天要增长约 1 秒钟。

一天的时间增长了，一年中的天数相应减少。这是人们在研究热带海洋中生活的珊瑚和古代岩层中的珊瑚化石而得出的。因为现代的珊瑚四周体壁上生长着一道道粗细不同的环纹，而且在两条最粗（或最细）的环纹之间，还有 365 条环纹，这个数字正好和现在一年的天数相同。而在距今 4 亿年以前（泥盆纪），某些珊瑚化石相邻两道最粗的环纹之间的环纹数为 400 条左右。说明泥盆纪时每年有 400 天左右，当时每天只有 21 小时。在石炭纪（约 3.5 亿年前）的地层中发现的珊瑚化石，则有 385 ~ 390 条生长环纹，那时一年则只有 385 ~ 390 天了。

根据这些事例便可推算到距今 15 亿年前时，地球一年可达八九百天。地球处于原始状态时，每昼夜只有约 4 时，当时地球自转角速度每小时可达 90 度，现在减慢到每小时 15 度了。引起地球自转变化的原因是很复杂的，目前还没有一致的看法，不过多数人认为是由于地球上海水潮汐运动时，对地表产生的摩擦作用，而使地球自转角动量减少。此外，地球半径的长缩，地核的增生，大气环流的运动，冰雪的消长，洋流的活动等，也会影响到地球的自转速度。

自转产生了昼夜更替，地球自西向东的旋转，使昼半球和夜半球也不断由东向西移动，因而产生了昼夜更替。昼夜更替引起了地表交换也交替进行，白天吸热增温，夜晚散热而降温，特别是这种交替周期长短适当，这样就不至于白天因吸热时间过长而使地表增温太高，夜晚又不至于失热时间过长而造成严寒。

图 52

月球上之所以白天温度可上升到150℃，而夜晚又降至 -180℃，昼夜差达300多摄氏度，就是因昼夜更替周期太长，为27天7时43分11秒（图52）。这样的环境不宜于生物生长。昼夜更替也使地球上一切生命活动和气象要素具有明显的昼夜周期变化。如植物的光合作用只能在白天进行，许多动物白天休息夜晚寻食。在气象上气温一天中最高出现在白天的14 ~ 15时，最低出现在日出以前。气压在一天中出现的两次高值，约在上午10时、晚间22时；出现两次低值，约在上午4时、下午14时等。

地球自转周期是计时时间的基本单位。在世界时计时系统中，是以地球自转运动周期为基本单位。虽然地球自转的不稳定性，影响了世界时的精确度，但目前还是被人们普遍使用。

图53

同一时刻在不同经度的地方，地方时是不同的。一般说来，经度每差15℃则时间相差1时。根据时间与经度的关系，便可进行时间与经度的换算。气象上有时也需要将北京时换算为地方时或世界时（图53）。航空、航海中也常用这一关系来确定飞机或船舶的航行位置和航向。

地球自转产生了地转偏向力。地转偏向力是法国数学家科里奥里于1835年提出来的，故又名科里奥里力。即地球上一切水平运动的物体，在移动时其方向都要发生偏转，若以运动物体初始方向为准，在北半球向右偏，南半球向左偏。力的大小与物体运动的速度和纬度的正弦成正比。

对地转偏向力的理解，一般是从物体水平运动时具有惯性来解释它。物体的偏向也是相对固定不变的经纬线而言，当物体由南向北作水平运动时，若地球不自转，物体便会沿着出发点所在的经线向正北运动，但由于地球在自转，经过一定时间后，经线随地球自转已转移了，物体仍保持其原来的方向运动，对于地球上的观察者来说，此时的物体运动方向已不是正北（即不是沿经线方向），而是向右偏转了一个角度。

同样的道理，当物体从北向南运动时，其方向也会向右偏移。在南半球

揭开宇宙的秘密

则相反，物体运动方向是向左偏转。在赤道上运动的物体，由于无论地球转到什么位置，物体运动向东或向西，运动方向总与赤道一致，故不会发生偏转，所以赤道上地转偏向力为零。

地球偏向力是影响风向和大气环流的重要因素（图54）。因地转偏向力在北半球，东风将会向南偏转；南风将会向西偏转；西风将会向北偏转；

图54

北风将会向东偏转。如果没有地转偏向，大气只能形成简单的经向环流，实际上地转偏向力的存在，就会使大气环流变得复杂起来，在南北半球分别形成三圈环流。在大气环流的作用下，空气产生大规模的运动，在运动过程中直接影响着各地的天气状况和气候特征。

地球自转为建立地理坐标系确定了极点。在地表上自转线速度为0的两点称为极点，指向北极星的一点叫北极，另一点叫南极，通过地心连接两极点的轴叫地轴，垂直地轴距两极等距的大圆叫赤道（图55），它是地理坐标的基圈，赤道将地球分为南、北两半球，赤道以北为北半球，以南为南半球，与赤道平行的小圆圈叫纬圈或称纬线，纬线表示地球上的东西方向。

在地表联接两极的大圆弧叫经线，通过英国伦敦格林尼治天文台原

图55

址的经线叫本初子午线，即零度经线，它是地理坐标的主圈。经线表示地球上南北方向。通过某地的铅垂线与赤道平面的夹角叫该地的纬度。南北纬度为23°27′，那两条纬线分别叫南回归线和北回归线，南、北纬度为66°33′那两条纬线，分别叫南极圈和北极圈。

通过某地的经线平面与本初子午面的夹角叫该地的经度，纬度是地理坐标的纵坐标，经度为地理坐标的横坐标。用经纬度来确定一地在地图或

地球仪上的位置的方法，称为地理坐标。

　　地球自转改变了地球的形状与重力分布。地球自转所产生的离心力以赤道最大，向两极逐渐减少，到极点为零。所以组成地球的物质，在赤道地区推离旋转中心的趋势也就越强，这就使两极的物质因趋向赤道而向外鼓出，而两极的物质因趋向赤道而变扁平，因此形成了一个椭球体。

　　离心力的大小也影响了重力的分布，因地球的重力是离心力与引力的合力，由于赤道离心力最大，其方向又与引力相反，故重力最小，重力加速度为 978.03 厘米／秒^2，在两极离心力趋近于零，其方向又与引力方向垂直，重力最大，重力加速度为 983.22 厘米／秒^2，这就使重力随纬度的增加而增加。如一个物体从赤道移到两极其重量要增加 1/189，在两极重 10 千克的物体，移到赤道则只有 9.947 千克，物体重量就因离心力的影响而减轻于 35 克（图 56）。

图 56

　　地球自转产生了天体的周日视运动。早在西汉（公元前 206—25 年）时，我国就有"天左旋，地右动"和"地动则见于天象"的记载，这说明当时就已经认识到天向左旋转（即日月星辰由东向西移动），可以用地球的向右（自西向东）转动来解释，地球的自转，可从天象的变化中观察出来。这和现在所说的天体周日视运动是一回事情。所谓天体的周日视运动，就是天上的日月星辰，在一天内（一恒星日）自东向西旋转一周的运动。这种运动不是天体本身的运动，而是由于地球自西向东自转运动的反映，故称为视运动。

图 57

　　地球好像一个载着几十亿人口的巨型宇宙飞船，沿着自己的轨道，围绕着太阳不停地遨游于宇宙空间（图

57）。地球绕太阳自西向东的运动叫公转，公转轨道为一近似正圆的椭圆，太阳位于椭圆的一个焦点上，故地球距太阳的距离就有远有近，地球距太阳最近时的位置叫近日点，这时的距离为 1.47 亿千米，每年 1 初地球位于近日点。

地球距太阳最远时的位置叫远日点，其距离为 1.52 亿千米，每年 7 月初地球位于远日点。日地的平均距离为 1.496 亿千米（即一个天文单位）。地球公转周期为一个恒星年，即 365 天 6 时 9 分 9 秒，公转角速度平均为 59′ 18″ / 日。我国秦朝的李斯早就提出地球公转的角速度为 "日行一度"，与现代测量值相比相差甚微。公转的线速度在近日点为 30 千米 / 秒，远日点为 29.3 千米 / 秒，这比现在喷气式飞机要快 40 多倍。

地球公转中具有两个重要的特点：一是地轴与公转轨道面即黄道面的夹角始终为 66°33′，二是地轴在宇宙空间的倾斜指向始终不变。这两点是形成地球昼夜长短变化和四季的主要原因。

地球公转引起的后果如下：

第一，地球公转引起太阳直射点和太阳高度角的季节变化。

地球公转时地轴与公转轨道面成 60°33′ 的夹角，和地轴倾斜方向不变，使太阳直射点（阳光垂直照射的地点）的位置和高度角随季节变化。

第二，地球公转引起了昼夜长短和季节的变化。

太阳直射点是随地球公转而在南北回归线间移动，直射点的移动便引起地球上晨昏线（昼半球与夜半球的交界线）的移动，晨光昏线位置的变动使各条纬线上昼弧与夜弧长短发生变化，从而产生了昼夜长短的变化。

第三，地球公转引起了太阳的周年视运动。

由于地球自西向东绕太阳公转，从地球上看到太阳在天球上的视位置也不断自西向东移动，当地球在公转轨道某一位置时，看到太阳在地球上的视位在将太阳投影到天球上的位置上。当地球公转到另一点时，太阳则

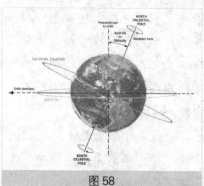

图 58

移至相应点。地球在轨道上运动一周，看到太阳也好像在天球上运动了一周，太阳这种运动是地球公转的反映，故叫视运动。其周期为一年，故称为周年视运动。太阳在天球上作周年视运动的轨道叫黄道（图58）。

第四，地球公转产生了恒星的周年视差。

地球在公转轨道上不同的位置上，去观测同一颗恒星时，发现恒星的位置有微小的位移，地球公转一周，恒星也绕黄极划出一个小圈，这就是恒星的周年视差现象（图59）。所谓视差就是观测者在两个不同位置来看同一天体的方向之差。当地球分别位于轨道上不同点时，看到天空某一恒星 M 在天球上的位置就不同，在天球上绕黄极划出了一个小圈。恒星视差的大小是以地球和太阳的距离（SC）在恒星处的张角 P 表示。一般恒星视

图59

差非常之小，如离地球最近的恒星半人马座的 α 星，它的视差为 0.76″。

第五，地球的进动和岁差。地球进动是地球的又一种运动形式，它是指地球的地轴在空间的指向在缓慢的变动，地轴方向的这种改变叫地轴的进动。地轴方向的变化是有一定周期，它绕黄极自东向西移动一周的时间是 25800 年，每年移动 50″。

地轴的进动是由于日、月对椭球体的地球，引力不平衡而产生的。日、月在宇宙间的运动轨道（黄道和白道），都与地球赤道平面有一定夹角。这样太阳和月球在宇宙中运动时，绝大部分时候都位于赤道面以南或以北。因此，日、月对地球赤道两侧突出部分的引力大小存在着差异。

面对月球或太阳近侧点所受引力，比背向太阳或月球一侧的点所受引力要大。这两个不等的力便造成地球自转轴在空间缓慢地移动。当地轴从一点移到另一点时，与地轴垂直的赤道位置也相应移动。

人们对地球内部的探索比起对宇宙间的探索来要困难得多。目前人们只能通过矿井、地质钻探和火山喷发物质等来观察。但其深度十分有限，如世界上最深的矿井只有 2000 米左右；最深的钻井深度只不过 10 千米左

右，这个深度仅相当于地球半径的 0.00125％，就是火山喷出的岩浆深度 20 ～ 60 千米，也仅相当于地球半径的 1％，这样深度只能说是擦破了地球一点皮而已。再深一些，就只能利用天然探测器——地震波来进行间接推测了。

太 阳

太阳大家族

太阳是一个直径约 140 万千米的巨大火球，如果把地—月系统装进这个大球中去而让地球位于太阳的中心的话，那么月球离太阳边缘还有 30 多万千米远，由此可以想见太阳之大。它的体积相当于地球体积的 130 万倍（图 60）。

太阳的质量约为 2000×10^{24} 吨，如果以克作单位，那么这个数字是在 2 的后面加 33 个零，即 2×10^{33} 克，相当于地球质量的 33 万倍。整个太阳系的总质量中，太阳就占了 99.86％。

如果把地球大气的吸收效应考虑在内，那么地球上每平方厘米每分钟由太阳接收的能量是 8.16 焦耳。8.16 焦耳 / 分·厘米² 这个数字叫做太阳常数。由此可以算出，太阳每秒钟向四面八方辐射出的总能量约为 382×10^{24} 瓦。地球只得到这总能量的 20 亿分之一，就显得生机勃勃了。

1. 太阳光球

我们日常所观察到的太阳，是一

图 60

图 61

个角直径约半度大小的明光耀眼的圆盘，界限好像十分清楚（图61）。这个目视的太阳表面叫做光球。我们平时观测的太阳光，基本上都发自光球。光球层的厚度约在 100 千米到 300 千米之间。这一厚度与太阳半径 70 万千米相比，简直比苹果皮还要薄。

根据太阳总辐射能的测量结果，利用物理学定律，可以算出光球的温度约为 5800° K（K 表示开氏温标，它的 1 度与 1 摄氏度是一样的，但零点定在 –273 摄氏度，称为绝对零度，开氏温标通常叫绝对温标）。因为固体和液体都不可能处在这样高的温度之下，所以我们由此可知太阳只可能是一个气体球。

由于太阳大气物质不是完全透明的，我们观察太阳时，视线只能贯穿到太阳大气内一定深度。在日面中央部分，我们看得"深"一些，深处的温度高，就显得明亮；而在日边缘部分，视线相对说来就贯穿得"浅"一些，因此边缘部分显得比中央部分昏暗一些。这就是日面的临边昏暗现象。当然，这种现象肉眼是察觉不出的，只能在望远镜里才可看到。

但要注意：太阳光很强，用望远镜观测太阳时，切不可用普通目镜直接去看，以免损伤眼睛。如果望远镜不大，可以直接在目镜上装一片深黑色的玻璃；如果望远镜较大（物镜口径超过 10 厘米），则必须使用特为观测太阳用的"太阳目镜"，或者用投影方法在望远镜目镜的这一端安装一个投影板，使太阳成像于板上，然后观测板上的太阳相。

用望远镜仔细观测太阳，还可以看到光球上的几种现象：明亮的太阳圆面上常有一些大小不等的黑斑，叫做太阳黑子（图62）；在太阳圆面边缘常有比周围更亮的亮斑，叫做光斑；在没有黑子和光斑的地方还可以看到

图 62

颗粒状结构，叫做米粒组织，它们都是太阳活动的表现。

2. 色球层和日冕

既然太阳是个巨大的气体火球，它就应该是迷蒙混沌的一团，为什么我们平时看到的光球又具有整齐的边界呢？原来这是由于光球太明亮的缘故。在日全食的时候，当整个光球圆面被月球遮盖后，人们会看到黑暗的月球圆面周围出现了一个淡红色的圆圈，这正是平时看不见的太阳大气的某一层发出的光，这一层在光球外面，叫做色球层，其厚度约有 2 万千米（图 63）。

图 63

日全食还可看到在色球层外有银白色的晕状物，叫做日冕，它可以延伸到几百万千米之外，是一层又厚又热又很稀薄的太阳大气。在色球层上还常有若干淡红色的突出物，有的像一股烟，有的像火苗，有的作拱状，这叫做日珥。日珥是太阳活动的一种显著标志，因此对研究太阳十分重要。

色球层的温度冷热不等，约在 4000 ~ 40000℃ 之间变化，而且是越往外温度越高。日冕的温度高达 100 万℃。为什么色球层的温度可以越往外越高？为什么日冕温度又特别高？这些问题目前还没完全搞清楚。

色球层还有一种爆发现象叫做耀斑，只能通过色球望远镜或用单色光拍照才能看到。它以一个亮斑的形式突然出现，在几分钟甚至几秒钟内面积和亮度增加到最大，然后较缓慢地减弱以至消失。95% 的耀斑都出现在黑子区域，而耀斑区域内有时又出现多个日珥，这说明各种太阳活动之间是密切联系的。

我们已经知道，地球从太阳得到的能量，相当于地球上所有发电厂发出能量的 10 万倍，而这在太阳总辐射能量中仅占 20 亿分之一。太阳这样源源不断地向四面八方发出滚滚能量洪流，亿万斯年，不舍昼夜。这决不是一般物质的化学燃烧所能解释的。19 世纪末到 20 世纪初，人类对自然界的认识发生了巨大的改变。物质放射性的发现和原子内部结构的揭示，以及爱因斯坦提出著名的质量—能量转化公式：能量 = 质量 × 光速^2，启示人们去寻求新的太阳能量来源的解释。到 20 世纪 30 年代，科学家们才提出了太阳以及一般恒量能量生成的现代理论（图 64）。

图 64

这个理论认为，太阳的真正能源是它的核心部分。太阳中心温度高达

图 65

1500 万摄氏度，压力相当于 3000 亿个大气压。在这样的高温高压下，物质的原子结构遭到破坏，电子被剥离了原子核。这种物质状态称为离子态。在这样的状态下，一部分原子核可能获得极高的速度，足以克服原子核之间的电斥力而发生碰撞。碰撞的结果会使较轻的原子核合成较重的原子核，这就是我们现在熟知的氢弹释放能量的聚变反应（图 65）。

在太阳中心发生的聚变反应中，4 个氢原子核（质子）合成 1 个氦原子核，每个氢核在反应中有 0.7% 的质量转化成为能量。这样，每 1 克氢聚变成氦就有 0.0069 克的质量转化成 1500 亿卡的能量，这是多么惊人的转化啊！按照质地公式 $E=mc^2$ 可以算出，太阳每秒发出的能量相当于损耗质量 450 万吨，而太阳从发光到现在据统计已有 46 亿年，这漫长岁月中太阳损失的质量虽然巨大，但与目前太阳的质量 2000×10^{24} 吨相比，只不过占 0.03%！打个比喻，一个亿万富翁损失了 3 万元，仍然是亿万富翁。据科学家估计，太阳像目前这样稳定发光的寿命约为 100 亿年，现在它还正是"身强力壮"的时候。我们至少还可以安享太阳能 50 多亿年。

太阳，光焰夺目，温暖着人间。从古到今，太阳都以它巨大的光和热哺育着地球，从不间断。地球上的一切能量几乎都是直接或者间接来源于太阳。例如，生物的生长，气候的变化，江河湖海的出现，煤和石油的形成……哪一样也离不开太阳。可以说没有太阳，就没有地球，也就没有人类。

太阳发出的总能量是大得惊人的。有人测量了地面上单位时间内来自太阳的能量。据测量，一平方厘米的面积，在垂直于太阳光线的情况下，每分钟接收到的太阳能量大约是 1.96 卡。换句话说，如果放上一立方厘米的水，让太阳光垂直照射，那么每过一分钟水的温度会升高 1.96℃，也就是接近 2℃。这个每平方厘米每分钟 1.96 卡，就叫做"太阳常数"。

有了这个准确的"太阳常数"，我们可以计算太阳发出的总能量了。我们知道，地球同太阳的距离大约是 1.5 亿千米。1.96 卡这个数是在离太阳 1.5 亿千米外的地球上测到的。所以只要把 1.96 卡乘上以 1.5 亿千米为半径的球的面积，就可以得出太阳发出的全部能量。

这个数值是每分钟发出 5500×10^{24} 卡的能量，这个能量究竟有多大呢？

图 66

我们可以打一个比方：如果从地球到太阳之间，架上一座 3 千米宽、3 千米厚的冰桥（图 66），那么，太阳只要一秒钟的功夫发出的能量，就可以把这个 5000 万千米长的冰桥全部化成水，再过 8 秒钟，就可以把它全部化成蒸汽。

太阳尽管发出这么巨大的能量，但是落到地球的却只有很少的一点点，因为太阳离地球太远了。实际上地球接收到的太阳能量，只占太阳发出的总能量的 22 亿分之一。正是这 22 亿分之一的太阳能量养活着整个地球。

太阳是怎么发出这么巨大的能量来的呢？它会不会永远这样慷慨地供应地球，永远也消耗不尽呢？人类为了搞清楚这个问题，花费了几百年的时间，一直到今天，还在不断地进行着探索（图 67）。

图 67

日常生活告诉我们，一个物体要发出光和热，就要燃烧某种东西。人们最初也是这样想象太阳的，认为太阳靠燃烧某种东西，发出了光和热。后来发现，即使用地球上最好的燃料支持燃烧，也维持不了多长的时间。拿煤来说吧，假如太阳是由一个大煤块组成的，大概只要 1500 年就会烧光了。后来又想到可能是靠太阳本身不断地收缩来维持的。但是仔细一算，也维持不了多久。

一直到 20 世纪 30 年代以后，随着自然科学的不断发展，人们才逐渐揭开了太阳产能的秘密。太阳的确在燃烧着，太阳燃烧的物质不是别的，就是化学元素中最简单的元素——氢。不过，太阳上燃烧氢，不是通过和氧化合，而是另外一种方式，叫做热核反应。太阳上进行的热核反应，简单地说，是由 4 个氢原子核聚合成 1 个氦原子核。

我们知道，原子是由原子核和围绕着原子核旋转的电子组成的。要想使原子核之间发生反应，可不是一件容易的事情。首先必须把原子核周围的电子全都打掉，然后再使原子同原子核激烈地碰撞。但是，由于原子核带的都是正电，它们彼此之间是互相排斥的，距离越近，排斥越强。

因此，要想使原子核同原子核碰撞，就必须克服这种排斥力。为了克服这种排斥力，必须使原子核具有极高的速度。这就需要把温度提高，因为温度越高，原子核的运动速度才能越快。例如，要想使氢原子发生核反应，就需要具备几百万度的温度和很高的压力。这样高的温度在地面上是不容易产生的，但是对于太阳来说，它的核心温度高达一千多万度，条件是足够了。

图 68

太阳正是在这样的高温下进行着氢的热核反应。它把 4 个氢原子核通过热核反应合成 1 个氦原子核。在这种热核反应中，氢不断地被消耗，从这个意义上来说，太阳在燃烧着氢（图 68）。但是它和通常所说的燃烧不同，它既不需要氧来助燃，燃烧后又完全变成了另外一种新的元素。

揭开宇宙的秘密

当4个氢原子核聚合成1个氦原子核的时候，我们会发现出现了质量的亏损，也就是一个氦原子核的质量要比4个原子核的质量少一些。那么，亏损的物质跑到哪里去了呢？原来，这些物质变成光和热，也就是物质由普通的形式变成了光的形式，转化成了能量。

质量和能量之间的转换关系，可以用伟大的科学家爱因斯坦的相对论来解释。那就是能量等于质量乘上光速的平方，由于光速的数值很大，因此这种转换的效率是非常高的。用这种方式燃烧1克氢，就可以产生1500亿卡的能量。它相当于燃烧150吨煤（图69）。太阳为了维持目前发射的总能量，每秒钟要有6.57亿万吨的氢聚合为氦。

图69

听起来这是一个很大的数字，但是对于太阳来说却是微不足道的，因为太阳的质量实在太大了，比地球的质量要大33万倍。而且太阳物质的化学组成和地球的很不一样，绝大部分正是太阳进行热核反应所需的氢。氢占太阳质量的3/4以上。其次是氢燃烧后生成的氦，占1/5左右。再其次才是几十种其他的微量元素。因此，如果太阳按目前的速度燃烧氢，那么还足够燃烧500多亿年呢！

人们在弄清楚了太阳的能量是怎样产生的以后，自然就联想到能不能把太阳上的这种产生能量的方式搬到地球上来呢？人们通过对原子和原子核的大量研究，终于利用热核反应的道理，制造出和太阳产生能量的方式一样的氢弹。氢弹的威力比原子弹还要大得多。

不过，目前人们还做不到把氢弹的能量很好地控制起来使用。如果有朝一日能够实现可以控制的稳定的热核反应，那么大量的海水中的氢就可以作为取之不尽的燃料。那时候，地球上再也用不着为能源问题发愁了。这样的设想并不是幻想，目前世界各国的科学家，包括我国的科学家在内，正在为实现这一宏伟目标进行着不懈的努力，并且已经取得了一些进展。

日 食

有时候晴空万里，阳光普照，好端端的大白天，太阳忽然缺了大半块，甚至完全不见了。于是天地呈现一片夜色，星星也出来了。可是，短短的几分钟过后，太阳又恢复了光芒，一切都和往常一样。这就是日食。

在《尚书》中，记载了夏朝仲康时代的一次日食（图70）。当时掌管天文的官员羲和，因沉湎于饮酒，懈怠职守，没有预报即将发生的一次日食，而引起人们惊惶，造成混乱。国君仲康认为这是严重的失职，将羲和处死。近代有人推算，这是发生在公元前2137年10月22日的一次全日食。这是目前世界上公认最早的日全食记录。

图70

古时，还有过日食制止了一场旷日持久的战争的事。公元前585年，在爱琴海东岸（即现今土耳其的安纳托利亚高原）米迪斯人和吕底亚人正在交战，打得难分难解。有一天，突然发生日全食，战场顿时天昏地暗，交战者惊恐万分。双方首领都认为这是天意对他们的惩戒。于是，都一致同意解甲言和，心悦诚服地订立了永久和平契约，从而结束了这场持续5年之久的战争。这是发生在那年5月28日的一次日全食（图71）。

图71

其实，日食和月食是由于日、地、月在运动过程中处于特殊的相对位置而造成的自然现象。我们知道，地球本身是不发光的，它不停绕日旋转，背向太阳的一边就拖着一条长长的圆锥形黑影，叫地影。月球本身也不发光，它不停地绕地球旋转，并随同地球绕日运转，它的背后也拖着长长的圆锥形月影。当月球运转到日、地之间，并且三者处在（或接近于）同一直线上时，地球上被月影扫过的地区就会看到月球把太阳遮挡住一部分或全部，这就是日食现象。当月球运转到太阳和地球的背后，地球在日、月之间，并且三者也几乎在一条直线上时，月亮被地影遮没了一部分或全部，就发生月食现象。

这样，日食只可能发生在朔（农历初一），月食只可能发生在望（农历十五、十六或十七）。如果月球轨道面与地球轨道面相重合，那么农历每月的朔都有日食，望都有月食。但事实上黄白交角并不为零，而是5°左右。因此在大多数朔、望日里并不发生日、月食。只有当新月（朔）和满月（望）出现在黄道和白道交点附近时，日、地、月三者才近乎于一条直线，从而发生日、月食。

日食分为日偏食、日环食和日全食三种（图72）。这是与月影影锥的结构有关系的。月影影锥有本影、半影和伪本影之分。月本影是一个会聚圆锥。其特点是由太阳射向这一区域的光线全部被月球遮住，因此落进本影的观察者看到日全食。半影是一个发散圆锥，它的特点是由太阳射向这一区域的光线有一部分被月球遮住，

图72

因此这里看到太阳部分被食（偏食），并且在半影的上半部是看到太阳的上部被食，在半影的下半部是看到太阳上部被食。伪本影的特点是由太阳中央部分射来的光被遮，但由太阳边缘部分射来的光线没有被遮，所以这里看到环食。

由于月球和地球的距离在很大的范围内变化，最远距离和最近距离可相差4万多千米，因此月影扫过地面的情况就可分为两种情况：

第一种是月本影和半影同地面相交，地面上影子的重叠地区内看到日全食；影子中别的地区内看到日偏食；别处无日食（图73）。

第二种是月球伪本影和半影同地

图73

面相交，地面观察者看到环食或偏食。

由于月球由西向东绕地球运转和地球自转这两种运动的合成结果，月影近似地由西向东扫过地面，使日食由西向东先后发生。月本影扫过去时区域称为全食带，宽二三百千米，长达上万千米，有时甚至会有几千米宽。全食带亮度是比较宽阔的半影区域，那里可看见偏食。

月球自西向东运转，也使得每次日食总是从月轮的西边开始被食。就日全食来说，它包括以下 5 个重要阶段：

①月轮东边缘与日轮西边缘相切，全食开始；

②月轮的西边缘与日轮的西边缘相切；

③日月两轮中心最近；

④月轮的东边缘与日轮的东边缘相切；

⑤月轮的西边缘与日轮的东边缘相切，全食的整个过程结束。

一个完整的日全食过程可以延续两个多小时，但由于月球视圆面比太阳视圆面略大一点，所以真"全食"的时间一般不过 2 ~ 3 分钟，最长不过 7 分钟。

全食发生时，天空一片夜色，在太阳的位置上，高悬着暗黑的月轮，它的周围环绕着一圈灿烂瑰丽的光辉，那是太阳最高层的大气，叫做日冕。地平线泛起一圈朝霞般的淡红色光辉，这是太阳光被日食区域以外的大气反向而形成的。

太阳黑子

在耀眼的太阳面上，有时可以看到一些黑色斑点，它们是太阳表面物质激烈运动形成的。《汉书·五行志》中载有："河平元年，三月己末，日出黄，有黑气，大如钱，居日中央。"这是指公元前 28 年 5 月 10 日，在一个大风沙的日子里，日出时风沙遮住太阳，日光大大减暗，是黄色的。这时看到日面中央有如钱币大小的黑子。短短几句话，就把太阳黑子的形状、大小以及在日面上的位置都生动地记录下来。这是世界上最早的太阳黑子记录（图74）。我国古代有 100 多次关于太阳黑子的记载，已成为今日研究太阳活动和日地关系的最好史料。

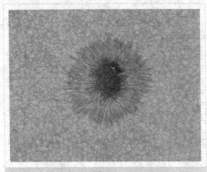

图 74

1610 年，伽利略通过连续观测黑子在太阳圆面上的位置，首先发现黑子在圆面上是由东向西移动的，他由此猜想到太阳也有自西向东的自转。后来的进一步研究表明，太阳的确是与地球同向自转的，太阳自转轴与黄道面的垂线交成约 70 度夹角。特别是太阳自转周期并非整个太阳都一样，而是在靠近太阳赤道的地方转得快，越往两极转得越慢。在太阳赤道上自转一周需 25.2 天，而在纬度 40 度处就需 27.2 天，在纬度 80 度处的自转周期甚至长达 34 天多。从太阳这种自转方式也可以知道，太阳不可能是固体物质所组成（图 75）。

太阳离我们十分遥远，太阳上的一个小黑点，实际线度是很大的。黑子的大小不等，常成群出现。最大的黑子直径可达 20 万千米，上面可以

图 75

并排放上十几个地球。这样大的黑子，往往几天甚至几个小时就经历了出现、发展和消失的过程，可以想象到太阳活动的规模是何等的壮观。根据近 200 余年长期观测资料的分析，发现每年太阳黑子数目的平均值大致作周期性变化，平均周期约为 11 年左右。

它是太阳表面的一些漩涡气流，那里的温度比较低，一般只有 4000℃左右，而太阳表面的温度有 6000℃。这样，温度比较低的旋涡气流区被温度比较高的太阳表面从后面衬托，就显得暗淡无光了，成为一个黑斑，这就是我们看到的黑子。仔细观测黑子，会发现它的核心部分最黑，叫黑子本影；周围要明亮一些，叫半影。黑子有时单个出现，而经常是成群出现。有的年份太阳上黑子多，有的年份比较少，平均起来以 11 年左右为一个

周期,这种变化周期,称为"黑子周"。

日珥、耀斑和太阳风

当日全食时,可以看到高出日面边缘伸到日冕中的一些形如喷泉、圆环、拱桥、火舌或者浮云、篱笆等的爆发物,就叫日珥。氦这种元素首先就是从日珥的光谱中发现的,天文学家20多年后才在实验室中提炼出氦。日珥的大小各不相同,一般说来长约20万千米,高约3万千米。日珥的温度约1万℃。日珥主要存在于日冕中。但下部常与色球层相连。

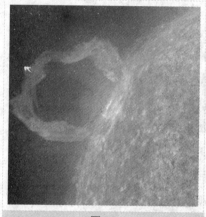

图76

日珥的成因一般认为是等离子在复杂的磁场中运动造成的。但最难解释的是大部分日珥在比它稀薄得多的日冕中出现,计算表明日冕的全部物质还不够凝聚成几个大日珥(图76)。另外,日冕温度高达1200万℃,而日珥不过1万℃。

在太阳黑子活动剧烈时,就会观测到太阳猛烈的爆发现象,致使日面局部区域受到加热,闪现出一团亮斑,称为耀斑。耀斑从闪现到消失,有的只有几分钟,有的达几小时。有的以每秒几百千米的速度掠过黑子群,然后消失。一个大耀斑在短短的一二十分钟内可以倾泻出 10^{33} 尔格的巨大能量。这相当于地球上10万至100万次强火山爆发所释放的能量总和。耀斑出现时,往往在地球上会出现磁爆、电讯中断以及在高纬度地区看到非常明亮的极光现象(图77)。耀斑是如何产生的?它的巨大能量从何而来?这些问题至今还不清楚。

图77

揭开宇宙的秘密

月　亮

古老的传说

月球是地球的伴侣。它以多姿的面貌，常常陪伴着人们度过寂寞的夜晚。因此，人们历来对月亮就有特殊的情感。

"嫦娥奔月"的神话，"欲上青天揽明月"的壮志，"千里共婵娟"的祝愿，"待月西厢下"的情思，千百年来，一直扣动着人们的心弦。美丽的月亮包含着多少触发文学灵感、打开感情闸门的玄机啊！今天，月亮又成为人类足迹初到的第一个地球之外的天体。可以毫不夸张地说，神话诗歌的魅力与最新科学考察成果如此奇妙地交织于一身的，只有月球。

当然，在天文学中是不研究关于月亮的文学的，我们只好冷峻地把月亮当成地球的一颗天然卫星来看待。前面我们已经知道，在太阳系的行星中，除水、金两颗内行星外，其他都有卫星，目前已知的共有40多个。但月亮是属于我们的，也是离太阳最近的，这也算是它的得天独厚之处吧。

"明月几时有？把酒问青天。不知天上宫阙，今夕是何年。我欲乘风归去，又恐琼楼玉宇，高处不胜寒。起舞弄清影，何似在人间！转朱阁，低绮户，照无眠。不应有恨，何事长向别时圆？人有悲欢离合，月有阴晴圆缺，此事古难全。但愿人长久，千里共婵娟。"

别看苏东坡借月亮阴晴圆缺之景，抒人间悲欢离合之情，填词赋诗，是那样挥洒自如，但他对月亮圆缺变化的道理，却未必有正确的见解。

可是，和苏东坡同时代的沈括（1031年—1095年）对月亮相的成因却颇有研究。在他的《梦溪笔谈》里写道："月本无光，犹银丸，日耀之乃光耳。光之初生，日在其旁，故光侧而所见，才如均；日渐远，则斜照，而光稍满，如一弹丸。"这和现代人们对月相的解释是一致的。月球本身并不发光。

月亮和地球一样，完全是靠太阳的照耀反映光亮。朝着太阳的半面是明亮的，背着太阳的半面是黑暗的（图78）。月球绕地球运转，日、地、月三者的相对位置不断变化。当月球的黑暗面完全对着我们时，就看不到它；

图78

当少部分光亮面对着我们时，只见弯月如钩；当整个光亮面对着我们时，则满月如丸（图79）。并且，为了使人信服，沈括还告诉人们一个试验，将一小球，"以粉涂其半，侧视之，则粉处如钩；对视之，则正圆（ yuan 圆）。"我们不妨也效法沈括，把一个皮球半面涂上颜色，放在稍远的地方，围绕它走一圈，或"侧视之"，或"对视之"，看一看它是否会像月亮的圆缺那样变化。

图79

月亮不仅可供人欣赏和夜间照明，而且还可靠它确定农历日期以及夜间的大致时间。掌握它的变化规律，在我们日常生活中是有用的。

当月球处在太阳和地球之间的时刻，即日、月黄经相同（但日、月、地不一定成一直线），此时叫做"朔"，就是农历每月的初一。这时，月球以它黑暗的半面对着地球，并且与太阳同出同没，当然人们就看不到它。所以，在现代天文学上，都习惯称这种看不到的月亮为"新月"。

两三天以后，月球向前运动，渐渐离开太阳。我们在地球上，开始看到月球被照亮的一小部分，有如纤细的银钩，又好似弯弯的峨眉，人们叫它"峨眉月"，但我国过去都叫它"新月"，这种新月只能在傍晚时见到。当太阳刚刚落山，一弯新月出现在距离太阳不远的西方天空上。"黄昏独

图80

倚朱阑，西南新月眉弯。"可见新月和黄昏是联系在一起的。

又过三四天，大约是农历初七、初八前后，月球和太阳相距90℃角。太阳在西方没下，月球留在正南中天的位置，它的亮面和暗面各一半对着我们。这便是"初七、初八月半天"的"上弦月"（图80）。上弦月只能在前半夜见到，子夜时便没入西方。

上弦以后，月球和太阳的角位置，相距愈来愈远，光亮面也愈来愈多地对着地球，月亮一天天变得丰满。人们可以看到多半块月亮，便叫它"凸月"。傍晚时候，凸月出现在东南方上空，大约在凌晨3点钟左右西没。

"月到十五分外明"，待到农历十五、十六时，月球转到太阳的对面，和太阳黄经相差180度时，月球的整个光亮面对着地球，这便是被人称为"白玉盘"的"满月"，此时叫做"望"。圆圆的满月，黄昏东升，黎明西没，彻夜相照，象征着欢乐和团圆。身临如此良辰美景，自然会引起月下人的思绪和遐想："但愿人长久，千里共婵娟。"

满月以后，月亮开始一天天变瘦。先后又经历了凸月、弦月和峨眉月。不过这时的弦月叫"下弦月"，出现在农历每月的二十二、三的后半夜（图81）。这时的峨眉月，我国习惯上叫它"残月"，出现在农历月份的最后几天，黎明时从东方升起，随着天光大亮的来临，渐渐消逝在白昼的阳光之中。

上弦月和下弦月，新月和残月，它们的相貌都差不多，我们怎样区分它们呢？

月亮的相貌和它在天上的位置，只要我们稍加注意是可以分辨得清楚的。新月用上弦月，分别出现在傍晚和前半夜的西半边天空；残月和下弦

图81

月分别出现在黎明和后半夜的东半边天空。如果稍稍留意看一下它们的姿态便会发现，新月和上弦月的脸是朝西的，即西半边亮；残月和下弦月的脸是朝东的，即东半边亮。

如果我们在深夜，看到东南方的上空有半个亮面朝东的月相，就可以判断它是下弦月，日期是农历月的十二或十三前后，时刻是凌晨3点左右；当它升到正南中天的位置上，便是东方欲晓的时候。生活在海边的渔民，都很明白这些道理。过去，他们出海打鱼，白天靠观测太阳，夜间靠观测月亮来判别方向。

为了便于记忆，还把不同日期的月亮出没时间编成歌诀："初三四峨眉月，初七初八半夜月，十五、十六两头红，十七八爬沙岗，十八九坐等守，二十当当月一更……"意思是说，初七八前半夜可以看到上弦月；十五六的月亮傍晚从东方升起，黎明的西方没下，两头都是红的；十七八的傍晚须爬上沙岗才能看到月出；十八九月亮升起得更晚些，须坐等；二十的月亮要等到一更天，即大约夜里十点左右才能看到月出。

现在人们都有手表，很少去关心月相和时间的关系。粗心的诗人和画家，常常违背自然的真实，弄出"傍晚新月东升"，"黎明满月当空"之类的错误。在这方面，我们应该向古人学习。譬如，过去的文人学士们，从来不会把新月和残月混为一谈。"暮伴新月宿，晓随残月行"，这是起早贪黑赶路人的经验总结；"梢梢新月偃，午醉醒来晚"，酒醉午睡，一直到黄昏新月西沉方醒；而"白露收残月，清风散晓霞"，"星斗稀，钟声歇，帘外晓莺残月"，显然这都是黎明的景色。

如果你细心观察，还会发现峨眉月的一个秘密（图82）。那就是它的

图82

黑暗部分仍然隐约可见，人们风趣地称它是"新月抱旧月"，天文学上称旧月的光辉为"灰光"。原来，这种灰光也不是月球本身发出的，它来自于地球所反射的阳光。这时若站在月球上眺望地球的话，地球的白昼基本上对着月球的黑暗面。在"满地"的照耀下，月球之夜相当明亮，甚至可

以看书写字。

这不仅因为地球大于月球，而且，还因为地球有大气层，可以把40%左右的入射阳光反射出去，比月球的反射能力大好几倍。所以，在月球上所看到的"满地"，要比在地球上看到的"满月"明亮得多。可想而知，我们所看到的"新月"，是被太阳直接照亮的部分；"旧月"则是被地球照亮的部分。

图83

我们还会看到，灰光的颜色略有变化，有时呈浅蓝色，有时呈淡黄色。这和地球自转有关，当海洋主要对着月球时，灰光略显蓝色；当陆地主要对着月球时，灰光略显黄色（图83）。

月　食

月明星稀的晴夜，圆圆的月亮也会缺一大块，甚至变得暗淡无光。这就是月食。

过去，人们不知道日食和月食发生的原因，每当看到日月食时，都引起恐慌，认为日月失光，是很不吉利的。于是人们作出种种迷信的解释。例如，我国古代普遍认为日食是天狗吃日，月食是蟾蜍食月。所以，每逢日食或月食，人们都要敲锣击鼓，鸣盆响罐来"救日"和"救月"，以为这样可以吓跑天狗和蟾蜍。

有一个月食扭转了战局的故事。公元前413年，地中海西西里岛的叙拉库斯人和雅典人交战。当时，雅典舰队正满怀胜利信心攻打叙拉库斯的港口。但是，那夜有月食发生，雅典人迷信天象，以为此时进攻不吉利，推迟攻打日期。这样叙拉库斯人有了准备的机会，加强了兵力和设防，结果把雅典人舰队打得全军覆没。

月食比较简单，只有月全食和月偏食两种，没有月环食。这是因为地球比月球大，地本影比月本影长，月球不会落进地球的伪本影内。

由于月球自西向东进入地影，所以月食是从月轮东边开始，这与日食相反。另外，日全食只有几分钟，而月全食却可延续一小时以上，这是因为在月球完全进入本影时才发生月全食，而地本影的直径是月轮直径的两倍半，月球通过地本影的时间也就比较长。在观测方面，月食和日食的最大不同是：在朝向月球的半个地球表面上，各地观测者所看到的月食情况完全一样，月食的各阶段（例如初亏、食甚、复圆等）发生的时刻也完全一样。这是由于月球本身不发光，落进地影的月轮从任何地方看都是黑暗的。

月全食时，即使月球已全部进入地本影，月光也并不完全消失，而呈现为暗弱的红铜色（图84）。这是由于日光经过地球大气的折射，其中的蓝光和紫光被地球大气吸收和散射了，而红光则被大气折射到地本影里，照到了月面。

图84

日、月食的发生既然与月球周期性的会合旋转密切联系在一起，就不难理解日、月食的发生也具有周期性。

图85

这个周期很早就被人们发现了，约为6595.3天（相当于18年零11天左右）。

就整个地球而言，一年最多可以有7次日、月食，其中5次日食和2次月食，或4次日食和3次月食，一般情况是2次日食和2次月食。

日食和月食的区别（图85）。

①发生的条件不同：日食时，月球在太阳和地球之间；月食时，地球在太阳和月亮之间。

②种类不同：日食有全食（位于月球本影区的观测者所见）、偏食（位于月球半影区的观测者可见）和环食

（位于月球本影锥的延长部分的观测者可见，这个区域又叫做月球的伪本影）；而月食只有全食和偏食，没有环食。当月球进入地球的半影区域时，叫做半影食月，面变暗不多，人眼不易察觉。

③过程有所不同：因月亮自西向东运动，月亮总是先进入太阳视圆面的西边缘，所以日食总是先从太阳的西边缘开始；而月食时，月亮总是自己的东边缘先进入地影，所以月食总是从东边缘开始。

④日食和月食统称交食。发生交食时，太阳离黄道和白道的交点的角距不同，或叫做食限不同。太阳在交点附近18度时就要有日食，而太阳要在交点附近12度时才可能有月食。因此一年中日食的机会多，而月食的机会少。

⑤经历的时间长短不同：日全食的时间短，一般只有几分钟，最长不过7分；而月全食的时间长，可达几小时。

⑥所见光亮情况不同：月全食时，月光并不完全消失，只是亮度比平时减弱许多，通常呈铜红色。这是由于地球大气散射阳光中的红光照到地球本影中的原因；而日食时，视圆面被遮住的部分是黑暗的，日全食时就有如夜晚一般。

⑦可见交食的区域不同：月食时，向着月球的半个地球区域都能见到，而且所见情况各地是相同的；日食则不然，日食发生时，所见区域小，能见日食的区域的宽度一般只有几十千米至二三百千米，并且有的地方见到日偏食、有的地方见到日全食或日环食（图86）。

图86

就同一地点而言，平均约3年才能见到一次日偏食，而日全食则平均要300多年才能看到一次。正因如此，所以发生日全食时，世界各地天文观测者都不怕遥远前去观测。

潮 汐

到过海边的人都见过海水周期性的涨落现象，每天大约涨落2次。当海水上涨时，大片的海滩被波涛滚滚的海水所吞没；当海水退落时，岸边的礁石和沙洲又都显露出来，人们可以任意捡拾留在岸滩上五光十色的贝壳，甚至还有小鱼小蟹。古人把海水白天的上涨叫做"潮"，晚上的上涨叫做"汐"。于是，就把海水这种周期性的涨落现象统称为"潮汐"（图87）。

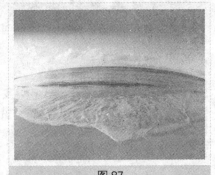

图87

是谁把海水掀起又推下去的呢？过去，一般人对这个问题感到莫名其妙，认为是神妖作怪。但也确有善于从日常现象中探索大自然奥秘的人，慧心独运，洞察到潮汐和月球有关。东汉时期著名唯物主义思想家王充说过："涛之兴也，随月盛衰。"甚至唐代张虚若在他的《春江花月夜》中也有"春江潮水连海平，海上明月共潮生"的诗句。

潮汐确实和月球有关，同时也和地球本身的运动有关。我们知道，星球之间互有引力。假设整个地球都被海水包围着，在月球万有引力的作用下，"水球"会被拉成像鸡蛋样的长球体。对着月球和背着月球的两点都是隆起的。就地球上某一点而言，会随着地球本身的自转运动，大约在一天里，经历两次隆起，再次低落。因此，那个地方的海水会发生两次涨落，好像地球有节奏地呼吸。

地球对着月球的一面，由于距离月球较近，所受引力较大，必然有隆起，这比较容易理解。而背着月球的那面距离月球较远，也有隆起，这又怎样解释呢？我们可以这样认为，月球对于地心的引力，是月球对整个地球的平均引力。

对着月球的一点，由于所受引力大于平均引力，海水有奔向月球的趋势，所以要朝着月球方向隆起；而背着月球的一点所受的引力，显然小于月球对地球的平均引力，海水就有背离月球的趋势，所以要朝背着月球的方向隆起。这样，便把地球弄成了长球体。如若不然，地球上背向月球的那点不是隆起的，倒真成了问题，那将意味着地球所受的各方面的力是不平衡的，地球会向月球靠拢，相互碰撞，那岂不是一场厄运！

理解潮汐的另一条思路，是从地球和月球相互转着眼（图88）。人们

图88

总是习惯地认为月球围绕地球转，其实，这种看法并不全面。正确的说法是，地球和月球围绕着它们的共同质量中心（质心）互相绕转。

在它们互相绕转过程中，一方面，地球上各点要受到大小相等，方向一致，且都背向月球的"惯性离心力"的作用；另一方面，地球上各点还受到月球引力的作用，引力的方向当然都指向月球中心，而引力的大小因到月心的距离不同而不同。

很明显，就全球而言，地球所受惯性离心力与所受月球引力是均衡的，它们大小相等，方向相反，互相抵消。但具体到地球某一点，大小不等，是不可互相抵消的。

譬如，地球上对着月球的那点，受到的月球的引力大于惯性离心力，海水会被引力掀起，形成涨潮（图89）；背向月球的那点，受到的月球引力小于惯性离心力，海水在惯性离心力的作用下，也会形成涨潮；而处于两者之间的地点，所受月球引力和惯性离心力的方向，并不在一直线上，两者力的合力是指向地心的，在它的"压迫"下，海水要下降，便形成落潮。这种促使海水涨落的力叫做"引潮力"。

图89

或者说，引潮力就是地球上某点，所受月球引力与惯性离心力的合力。正是这种引潮力才把地球弄成了长球体。

潮汐的涨落既与月球运行有关，那么，它的涨落周期也必然与月亮的出没有关。月亮在天球上不是固定的，它每天东移13多度。就是说，它每天升起或中天的时间，要比前一天推迟约50分。这样，月球围绕地球周日视运动的周期，或者说，地球对于月球的自转周期就是24时50分，这叫做"太阴日"。因此，潮汐的周期也是24时50分，所谓一日两涨两落，应该是指太阴日。

由月球引起的潮汐称作"太阴潮"。可是太阳也并不无所作为，它也会引起地球的潮汐，称作"太阳潮"。太阳的质量远比月球大，似乎应该产生较大的引潮力。但它与地球的距离，又远远大于月地距离，未免"鞭长莫及"。因此，实际的太阳引潮力比月球引潮力要小，它们成1与2.2之比。显然，地球潮汐的主要制造者，是"近水楼台"的月球，其次才是太阳。月球是主力，太阳是随从。太阳或者协助月球，推波助澜，使潮涨得更大，或者从中调和，使潮势减弱。

每逢朔的时候，太阳和月球位于地球的同一侧，日月合力引力大，太阳潮和太阴潮同时同地发生，便形成大潮。每逢望的时候，太阳和月球分别位于地球两边，你推我拉，两相配合，也形成大潮（图90）。因此，有"初一、十五涨大潮"的说法。

可是，每逢上弦月和下弦月时，太阳和月球，对于地球成直角方向。

图90

太阳潮的落潮和太阴潮的涨潮，同时同地发生，互相抵消，减弱潮势，便形成小潮（图91）。所以，又有"初八、二十三，到处见海滩"的说法。

这样，潮汐的规律应该是：每朔望月两次大潮，分别出现在初一和十五；每太阴日两次高潮，分别出现在月球的上中天和下中天。但实际的潮汐现象相当复杂。由于海水有一定的黏滞性和海底的磨擦作用，所以，一朔望月间的大潮往往落后于朔望时刻一天到几天；一太阴日之间的高潮也往往落后于月球上中天和下中天时刻一小时到几小时。另外，由于月球有时在天赤道

图91

以南，有时在天赤道以北，就使得地球上的潮汐周期更为复杂，有的地方一太阴日只有一次潮汐。

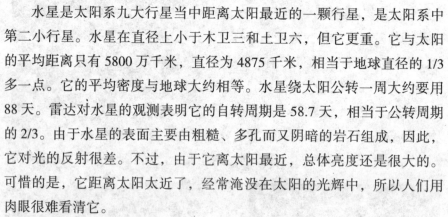

距离太阳最近的水星

水星是太阳系九大行星当中距离太阳最近的一颗行星，是太阳系中第二小行星。水星在直径上小于木卫三和土卫六，但它更重。它与太阳的平均距离只有5800万千米，直径为4875千米，相当于地球直径的1/3多一点。它的平均密度与地球大约相等。水星绕太阳公转一周大约要用88天。雷达对水星的观测表明它的自转周期是58.7天，相当于公转周期的2/3。由于水星的表面主要由粗糙、多孔而又阴暗的岩石组成，因此，它对光的反射很差。不过，由于它离太阳最近，总体亮度还是很大的。可惜的是，它距离太阳太近了，经常淹没在太阳的光辉中，所以人们用肉眼很难看清它。

图92

在古罗马神话中，水星是商业、旅行和偷窃之神，即古希腊神话中的赫耳墨斯，为众神传信的神，或许是由于水星在空中移动得快，才使它得到这个名字。早在公元前3000年，人们便发现了水星，古希腊人赋予它两个名字：当它初现于清晨时称为阿波罗，当它闪烁于夜空时称为赫耳墨斯。不过，古希腊天文学家们知道这两个名字实际上指的是同一颗行星。

水星的轨道偏离正圆程度很大，

近日点（距离太阳最近的点）距太阳仅 4600 万千米，远日点却有 7000 万千米（图 92）。在 19 世纪，天文学家们对水星的轨道半径进行了非常仔细的观察，经过观测发现，每绕太阳公转一圈，近日点的位置都会有少量的移动，但无法运用牛顿力学对此作出适当地解释。因为，如果用其他行星的引力影响（摄动）来解释的话，这个变动又显得太大了。实际观察到的值与预告值之间的细微差异是一个次要（每千年相差七分之一度）但却是困扰天文学家们数十年的问题。有人认为在靠近水星的轨道上存在着另一颗行星（有时被称作"祝融星"），由此来解释这种差异（图 93）。直到爱因斯坦提出了相对论以后，才很好地解释了这一现象。水星近日点位置的奇特变化也是支持相对论理论的有力证据之一。水星因太阳的引力场而绕其公转，而太阳引力场极其巨大，据广义相对论观点，质量产生引力场，引力场又可看成质量，所以巨引力场可看作质量，产生小引力场，使水星公转轨道偏离。这类似于电磁波的发散，变化的磁场产生电场，变化的电场产生磁场，传向远方。

图 93

在 1962 年以前，人们一直认为水星自转一周与公转一周的时间是相同的，从而使面对太阳的那一面恒定不变，这与月球总是以相同的半面朝向地球很相似。但在 1965 年，通过多普勒雷达的观察发现这种理论是错误的。现在我们已得知水星在公转两周的同时自转 3 周，水星是太阳系中目前惟一已知的公转周期与自转周期共动比率不是 1：1 的天体。

由于上述情况及水星轨道极度偏离正圆，将使得水星上的观察者看到非常奇特的景象。处于某些经度的观察者会看到，当太阳升起后，随着它朝向天顶缓慢移动，将明显地增大尺寸；太阳将在天顶停顿下来，经过短暂的倒退过程，再次停顿，然后继续它通往地平线的旅程，同时明显地缩小。在此期间，行星们将以 3 倍快的速度划过苍穹。在水星表面另一些地点的观察者将看到不同的但一样是异乎寻常的天体运动。

通常人们认为水星和它的名字完全不符，表面并没有水。但是1991年，在用地球上功率强大的射电望远镜探测水星时却发现，在水星极地有20多个宽14.5千米、长达120千米的地区反射回较强的雷达波，这或许标志着冰块的存在。科学家们认为，水星赤道地区的温度虽然高达400摄氏度以上，但是在极地区域环形山口内的温度却在零下100多摄氏度，所以水星形成初期的水能以冰的形式长期保留下来。这一地区在当时"水手10号"宇宙飞船探测时没有被覆盖到。

水星上的温差是整个太阳系中最大的，温度变化的范围为零下1730摄氏度到427摄氏度（图94）。相比之下，金星的温度略高些，但更为稳定。水星在许多方面与月球相似，它的表面有许多陨石坑而且十分古老；它也没有板块运动。另一方面，水星的密度比月球大得多（水星的密度为5.43

图94

克／厘米^3，月球密度为3.34克／厘米^3）。水星是太阳系中仅次于地球，密度第二大的天体。事实上，地球密度高的原因部分源于万有引力的压缩作用，否则，水星的密度将大于地球，这表明水星的铁质核心比地球的相对要大些。水星巨大的铁质核心半径为1800千米～1900千米，是水星内部的支配者，而硅酸盐外壳仅有500千米～600千米厚。至少有一部分核心大概成熔融状。

图95

事实上水星的大气很稀薄，由太阳风带来的被破坏的原子构成（图95）。水星温度如此之高，使得这些原子迅速地散至太空中，与地球和金星稳定的大气相比，水星的大气频繁地被补充更换。

水星的表面存在巨大的急斜面，

有些达到几百千米长，3千米高，有些横处于环形山的外环处，而另一些急斜面的面貌表明它们是受压缩而形成的。据估计，水星表面收缩了大约0.1%（或在星球半径上递减了大约1000米）。水星上最大的地貌特征之一是卡路里盆地，直径约为1300千米，人们认为它与月球上最大的盆地玛丽亚相似。如同月球的盆地，卡路里盆地很可能形成于太阳系早期的大碰撞中，那次碰撞大概同时造成了水星另一面正对盆地处奇特的地形。除了布满陨石坑的地形，水星也有相对平坦的平原，有些也许是古代火山运动的结果，但另一些大概是陨石所形成的喷出物沉积的结果。

"水手号"探测器的数据提供了一些近期水星上火山活动的初步迹象，但我们需要更多的资料来确认。水星有一个小型磁场，磁场强度约为地球磁场的1%。至今未发现水星有卫星。

到了今天，水星仍有许多未知的谜：水星的密度几乎与地球相同，但在许多方面它与月球更为相似，它是否在一些早期灾难性大碰撞中丢失了轻质岩石？通过水星表面的光谱分析，并未发现铁的痕迹。由于我们假定巨大铁质核心的存在，这种情况便很占怪，水星是否与其他类地行星截然不同呢？水星平坦的平原是如何形成的？在我们无法看见的另一面是否存在着惊人的景观呢？

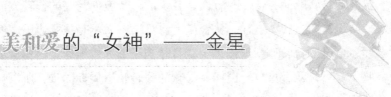

美和爱的"女神"——金星

金星也是太阳系的行星之一，居于离太阳第二近的位置。在所有行星中，金星的轨道最接近圆，偏差不到1%。金星是美和爱的女神，之所以会如此命名，也许是因为对古代人来说，它是已知行星中最亮的一颗。（也有一些异议，认为金星的命名是因为金星的表面如同女性的外貌。）金星在史前就已为人类所知晓。在天空中，除了太阳和月球之外，金星是最明

图 96

亮的天体，而且它发出的光很稳定，不会眨眼。这是由于金星离地球比较近，看起来不像恒星那样是一个小光点，而是一个由很多小光点组成的小圆面，就像一个小的太阳发出的光一样。

西方国家给金星取了一个很让人动心的名字——维纳斯。我国人民把金星叫做"太白金星"，也叫做启明星或长庚星（图96）。其实，启明星是处于晨时的金星，当白天开始到来，其他天体都渐渐淹没在晨曦之中时，人们还可以看到金星；而长庚星则是处于黄昏时的金星，当太阳刚落下地平线，金星首先出现在还比较明亮的西方的天空中。受地球和金星的轨道距离的影响，在太阳升起之前，能看到金星的时间不会超过3个小时；在太阳落山以后，能看到金星的时间也不会超过3个小时。

金星是一颗内层行星，从地球用望远镜观察它的话，会发现它有位相变化。伽利略对此现象的观察是赞成哥白尼的日心说的重要证据。如果从望远镜中观测金星，它呈现出和月球相似的形态。当金星出现"满月"时，看上去较小，因为此时它处于距地球较远的一边；在金星出现"新月"时，看上去最大，最明亮。

金星的自转非同寻常。一方面，金星的自转方向与它的公转方向刚好相反，属于逆向自转，这样，从金星上看日出，太阳是从西边出来的。另一方面，金星的自转速度很慢（金星日相当于243个地球日，比金星年稍长一些）。另外，金星自转周期又与它的公转轨道周期同步，所以当它与地球达到最近点时，金星朝地球的一面总是固定的。这是共振效果还是一个巧合就不得而知了。

金星的大气很厚，密度几乎是地球大气的100倍，这使得在地球上对它进行研究十分困难，大部分有关金星的知识是通过发射宇宙飞船获得的。宇宙飞船携带着探测器，探测器进入金星的大气中，可以进行较详细的测量。第一次飞越金星的飞行器是美国于1962年发射的"水手2号"，随后于 1967 年和 1974 年又先后发射了"水手 5 号"和"水手 10 号"。前苏联则在 1967 年—1984 年间发射了几个探测器。

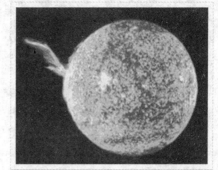

图 97

金星表面的大气压力很大，达到 96 个地球大气压大小（相当于地球海洋 1000 米深处的压力）（图 97）。大气主要成分几乎全部是二氧化碳，也有几层由硫酸组成的厚达数十千米的云层。云的底部高度是 50 千米，云层中的粒子主要是浓硫酸。这些云层阻碍了我们对金星表面的观察，使得它看起来非常模糊。这稠密的大气也产生了温室效应，使金星表面温度上升 400 摄氏度，超过了 467 摄氏度（足以使铅条熔化）。金星表面自然比水星表面热，虽然金星比水星离太阳要远两倍。云层顶端有强风，大约每小时 350 千米，但表面风速却很慢，每小时几千米不到。金星可能与地球一样有过大量的水，但都已蒸发，消散殆尽了，如今变得非常干燥。地球如果再与太阳靠近一些的话也会有相同的命运。

金星大气成分的 97% 是二氧化碳，这一点并不奇怪，事实上，地壳中也主要是各种各样的石灰岩（图 98）。金星大气中大约有 3% 的氮，而地球的大气中 78% 的成分是氮。金星上的水和水蒸气都非常稀少。许多科学家认为，金星离太阳太近了，由于二氧化碳引起的明显的温室效应，使金星的温度极高，导致海洋完全蒸发进入了大气层中。水分子中的氢原子逃离进入了太空中，氧原子则到了金星的壳中。另一种说法认为，在金星形成的时候水就是很少的。金星上云中的硫酸雨与地球上同温层的一个很薄的薄雾层很相似。在地球上，酸雨随降水落到地面上来，与地表物质发生

图 98

反应，破坏着部分地区的环境。金星的上部云层从地球上看去或从金星"先驱者 1 号"上看去，在表面上从 70 千米一直延伸到 80 千米的高空，云中包含有浅黄色的杂质，这一点用近紫外线波段的光可以很好地探测到。金星大气中的二氧化硫的含量可以指示出金星上火山的活动情况。

我们所能看到的云层顶部的某些云层模式和天气特点的变化，可以提供大气中有关风运动的信息。上层的风以 360 千米／小时的速度绕着金星运动，这些风完全把金星覆盖住，从赤道到极点吹遍了整个金星。对降落下的探测器的运动的跟踪结果表明，不管这些高速前进着的上层的风的范围有多大，即使大到金星异常稠密的大气的一半范围，在它们的下方，接近行星表面的地方，也总是平静的。这说明，金星上的空气运动与地球上的不同，是单向流动的。在金星上，温室效应非常明显，赤道地区近地面的热空气向高空上升，

图 99

并从赤道向南北两极流动过去。两极的空气并不像在地球上那样，又从地面附近流回赤道地区。于是，热空气不停地流向两极地区，两极地区的热量越来越多，这样，就形成了金星上非常独特的现象：南北两极的温度要比赤道地区的温度高。与地球上温度的分布特点完全相反。

温室效应是一个恶性循环，造成这一现象的主要原因就是空气中二氧化碳的影响（图 99）。地球上目前的二氧化碳很少，但是，如果我们没有保护好森林，导致森林所消耗掉的二氧化碳越来越少，所释放到空气中的氧气也越来越少，那么，空气中的二氧化碳就会显著增加，使地球的温度逐渐上升，并且进入一个恶性循环当中：二氧化碳越多，越有利于形成温室效应，二氧化碳也就越多。这样，经过长期的变化积累，地球就有可能演变成为金星，生命也就消失了。

金星上没有小的环形山，看起来小行星在进入金星的稠密大气层时已被烧光了（图 100）。金星上的环形山都是一串串的，看来是由于大的小行星在到达金星表面前，通常会在大气中碎裂开来。金星上最古老的地带

看来形成于 8 亿年前，那时广泛存在的山火擦洗了早期的表面，包括几个金星早期历史时形成的大的环形山口。

金星有时被誉为地球的姐妹星，在有些方面它们非常相像：金星比地球略微小一些（它的直径为地球的95%，质量为地球的80%）；在相对年轻的表面都有一些环形山口；它们

图 100

的密度与化学组成都十分类似。由于这些相似点，有时认为在它厚厚的云层下面，金星可能与地球非常相像，可能有生命的存在。但是不幸的是，许多有关金星的深层次研究表明，在许多方面金星与地球有本质的不同。

火红的星球——火星

火星也是太阳系行星之一，从太阳往外看居于行星的第四位。在距太阳约 22.8 亿千米的轨道上绕着太阳旋转。火星的名字来源于罗马战神玛尔斯，因为在夜空中它呈现出一片火红色。

图 101

火星是一颗相对较小的行星。它是在地球轨道之外离地球最近的，也是人类最关注的行星。它的质量是地球的11%，直径只有地球的1/2多一点，自转周期为 24 时 37 分，公转周期是 687 天。火星的赤道平面与公转轨道面的夹角约 24 度（地球的是 23.5 度），因此，火星与地球一样也有四季之分。

火星到太阳的距离约相当于地球到太阳的距离的 1.5 倍，所以火星所接收到的太阳光的热与地球相差不多，与地球有许多相似之处。

用望远镜来观测火星，人们很容易看到位于南北两极的白色的冰盖（图101）。在一个火星年当中，这些冰盖会成长或收缩，与地球两极的冰盖的变化相同。对于观测者来说，火星上较暗的区域看上去是绿色的，其实这只是由于光学的原因。当暗淡的区域与明亮的区域相比较时，就会出现这种现象。科学家们认为，阴暗的区域是相对来说还没有风化的裸露的岩石，而明亮的地方是已经充分风化的物质，主要是细细的尘土。

在一年中某些特定的时候，尤其是当火星离太阳最近，南半球处于春季和夏季时，会有大范围的尘暴，呈现出一片黄色的云块。最大的尘暴能够覆盖整个火星，并持续数月。在另外一些时候，能看到由水蒸气所组成的白色的云块。

哈勃望远镜提供了非常清晰的火星图片，天文学家利用这些图片来研究火星上的气候（图102）。通过尘暴图片，科学家们甚至能精确地查出这个行星上尘暴的发源地。哈勃望远镜也使对火星大气的全面研究成为可能。利用它发来的图像，天文学家们能够确定出火星的大气层比 20 世纪 70 年代时要冷一些，明亮一些，干一些。

图 102

科学家们认为火星的内部是由外壳、幔和核组成的，这与地球的内部一样，但是还不清楚这些层次的相对厚度。由于还没有宇宙飞船曾携带可以研究火星内部的设备到达这个星球，因此，我们目前所知道的只是它的质量、体积和重力场结构的数据。从这些数据中，科学家们可以推测出，火星上的不同部分密度有所不同。

与地球相比，火星很有可能有一个相对较厚的壳。在火星北半球的一处火山活动区域之下，厚度可能达到 130 千米；在美国宇宙飞船"海盗 2 号"着陆的地方，厚度可能只有 15 千米。

火星的核可能也主要是铁，还有少量的镍，可能还有一些其他较轻的物质，尤其是硫。如果真是这样，这个核将会相当巨大。根据对地球磁场的研究，科学家认为是由于地球核心的液态岩石的流动产生了磁场。火星没有一个明显的磁场，因此，科学家认为火星的核心是固态的。

火星现在没有活动的板块构造，很可能从来就没有这样的构造，或者说火星的壳不是由相互独立的部分组成，不存在相对运动以及有时相互冲撞到一起去。火星远比地球要小，因此当它形成后，很快就降温了，于是壳很快变厚，形成一个整体的固态部分，排除了板块构造形成的可能性。尽管火星的外壳没有被分为独立的板块，但是，火星的液态物质对它的表面进行了强有力的改造。熔岩喷出外壳形成了火山，也撕裂了外壳，形成巨大的裂缝。

对于人类来说，火星的表面是一个荒凉的地方，但是它却比其他任何

图 103

行星都更像地球的表面（图 103）。火星的温度并不比地球南极的温度低太多。它的表面温度大约在零下 140 摄氏度到到 15 摄氏度之间。在一年中的大部分时间，风速相当慢，大约为 7 千米 / 小时，但是，在尘暴到来时，可以达到 70 千米 / 小时 ~ 80 千米 / 小时。这些狂风常常在火星的南半球形成巨大的盆地，将盆地中的大量的尘土带到其他地方，有时甚至使整个火星被尘土所覆盖。这些尘土与地球上的沙暴不同，并没有沙子，只是一些粉状物。

火星的南北半球有很大区别。南半球有许多陨石坑，平均高度也比北半球高（图 104）。南半球上的高地很可能是火星上的古老的地形。火星的

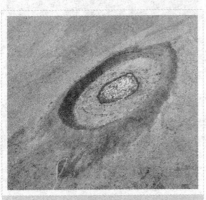

图 104

北半球有大量各种各样的地质特征，包括巨大的火山、裂谷、"运河"，还有一些很宽广的相对没有什么特色的平原。

火星有太阳系中最大的火山——奥林巴斯山，它约有26千米高。在它的附近，另外的3个火山也非常高大。它们从南向北排成了一条线。这4座火山是火星上凸出部分最明显的特征。另外还有一些火山。尽管火星上的火山很多，但是它们都是死火山，没有哪座火山显示出要爆发的迹象。

希腊斯平原是火星南半球上最大的冲击盆地。在很久以前，一块巨大的陨石的冲击形成了这个盆地，它的直径达2000千米。火星上3种类型的"运河"很有可能是由于水的作用形成的。这些"运河"早在用望远镜观察的时候就发现了，但是它们与"人工开凿的运河"毫不相干。这些运河网络与地球上的河床非常相似，分布在火星南半球的高地上。很有可能在火星历史中的某个时期，它的大气层很厚，表面上流淌着液态的水。火星"探险者"宇宙飞船在阿瑞斯谷地一带所发现的矿石与地球上在水源附近形成的矿石非常相似，这也支持了火星历史时期曾经在某些地方有液态水的这一推论。

1997年7月5日凌晨（北京时间），美国"探险者号"终于登上火星。这距上次"维京号"的火星登陆已经有21年了。美国太空总署的喷射推进实验室（JPL）花费了3亿美元用于火星登陆计划，目的在于探索火星表层是否有生物存在的痕迹化石（图105）。由火星表面看来，有大量液态的水和河床曾存在的痕迹，据此推断，可能有早期生命存在形式。如果能够证实生命曾经存在，对人类将是一大鼓舞，这将为以后地球公民移民火星提供可能性。

图105

木 星

在太阳系的行星中，木星的个子最大。从太阳向外看，木星位于第五位。除了太阳、月球和金星之外，木星是在地球的空中出现的天体中最明亮的，亮度大约是非常明亮的恒星——天狼星的3倍。由于它在天空中具有重要的地位，古罗马人用罗马神话中的天神丘比特来给木星取名。

木星的公转轨道平均距太阳7.8亿千米，大约是地球与太阳的距离的5倍（图106）。木星的年，也就是木星绕太阳公转一周所用的时间，相当于11.9个地球年；木星的日，也就是它绕自转轴自转一周所用的时间，大约为9.9小时，比地球的半个日还要短。

与太阳系中的石质行星（水星、金星、地球、火星）不同，木星是一

图106

个稠密的气体球。它只有一个很小的熔岩和铁质的核心，但是没有固态的表面。木星的质量相当于318个地球，直径相当于地球的11.2倍，体积相当于1300个地球，这说明，木星的密度要比地球小得多，以较轻的氢和氦为主要成分。木星大气层中最高云层顶处的重力加速度相当于地球表面的重力加速度的2.5倍。

因为木星的直径很大，并且它的转速很快，它的表面物质必须飞快地绕转，这样的速度给物质以巨大的动能。在一个木星日当中，木星赤道处的物质要通过很远的路程，这里的物质速度极大，最有可能飞离木星。由于木星是一个虚弱的气体结构，它很难像其他更坚固的行星那样牢牢地抓

住它的物质,于是,木星的形状变得很扁,赤道半径比极半径长近5000千米。

　　1610年,意大利科学家伽利略首次用望远镜来观测木星。在那之前,世界上占统治地位的观点依然是托勒密所提出的地球中心说——所有的恒星和行星等天体都是以地球为中心绕地球旋转的。但是,伽利略观测到的4颗木星的卫星却是在绕木星转动。一个天体是环绕着另一个天体转动,而不是在绕着地球转动这一简单的发现触发了后来的哥白尼学说的形成。哥白尼学说的核心是日心学说,这是欧洲文艺复兴时期的重要标志之一,这次革命至今仍在影响着人们的思想。伽利略所发现的几颗卫星被命名为伽利略卫星,以纪念它们的发现者。

　　用一架现代的望远镜观测木星,会发现扁圆的木星呈现出一种珍珠色,具有蜡褐色和蜡蓝色的条带。当木星运行到近日点时,位于地球背对太阳的一侧,此时,地球和木星都位于太阳的同一边,三者成一条线,从地球上可以清楚地观测木星。

图 107

　　20世纪50年代中期,射电天文学家发现,木星有很多频率辐射强烈的无线电波。雷达数据表明,木星有一个与地球相似的磁场,并且更加强大。在木星的上层大气中,磁场强度相当于地球表面磁场强度的10倍(图107)。并且木星的磁极方向与自转轴有10度的夹角,这一点也与地球相似。

与地球一样,木星的磁场也会捕获太阳活动所释放出的带电粒子,在两个磁极地区形成极光现象(图108)。木星的两个磁极也存在着交替现象,南北磁极发生交替变化时,会形成强烈的雷达噪声,出现有规则的变化模式,这个变化模式每9小时55.5分发生一次,这表明了木星内部的旋转速度。

图 108

在这样的高速旋转下，用两天就可以将木星的整个表面观测一遍。

通过测量木星的卫星的速度，天文学家们能够计算出木星作用于它们的万有引力。又因为一个行星的万有引力大小与它的质量相关，这样，天文学家们就能够计算出木星的质量了。飞往木星的宇宙飞船已经给出了研究木星重力场的重要数据，还提供了了解它内部结构的线索。这些宇宙飞船也已经传回了一些近距离的图片，以及一些对木星的外层化学物质组成成分的研究结果。把所有这些信息放在一起，天文学家们已经描绘出了一幅详细的木星图片。

木星的外层大气层厚达 1000 千米，由于它距离太阳非常遥远，表面温度低，气压非常大，所以，木星表面的氢呈液态，这就是超临界状态液体带，相当于"氢海"，深度达 2.4 万多千米。"氢海"之下，在巨大的压力作用下，氢成为液态金属氢。由于木星的快速旋转，金属氢飞速流动，产生了强烈的磁场。

迄今确认的木星的卫星有 16 颗，也是一个行星大家族。1979 年，"旅行者"探测器经过木星附近时，发现了木星的光环，这出乎人们意料之外。木星的整个环系的最大直径约为 25 万千米，宽约为千千米。从内往外可以分为 3 个部分。由于这些环很薄，很暗，因此从地球上根本无法观测到它们。

天文学家、行星科学家和外星生物学家都对木星很感兴趣，人们想了解它的起源。1989 年，美国用航天飞机释放了一颗"伽利略号"木星探测器。经过 6 个月漫长的航程之后，"伽利略号"探测器在环绕木星的轨道上运转，成为木星的一颗人造卫星，从"伽利略号"身上又释放了一个质量达 340千克的圆锥形探测器，于 1995 年 12月 7 日靠近木星大气，然后减速，落入木星大气，对木星进行详细的考察，并将数据发送给"伽利略号"木星探测器。然而，"伽利略号"的天线出了故障，传送回地球的信息大为减少。

图 109

人类探测木星的道路依然遥远。为了详细地了解木星，必须在近距离上从各个角度对木星进行长达数年的观测。为了达到这一目的，一个方案是在木星的高层轨道上设置一个长寿命的多用途转送器，并用较小的、较便宜的单用途探测器来收集特殊的信息，多用途转送器可以转发从单用途探测器收集到的信息，较小的飞行器可以用来绘制木星的磁场图，到木星的大气中取样或从事其他的任务（图109）。这个方案将比较灵活、及时、省钱，比向木星发射像"伽利略号"那样的大型宇宙飞船要好。

土星的光环

从太阳向外算起，土星是第六颗行星，它是太阳系九大行星中的第二大行星，有很多方面类似于木星。土星最大的标志性特征是它的光环系统。

图110

1610年，意大利科学家伽利略利用刚刚发明出来的望远镜首次发现了土星的光环（图110）。当时，他并不知道这些光环与土星本体是分开的，因此把它们描述成土星的手柄。荷兰天文学家克利斯蒂安·惠更斯最先准确地描述了光环。1655年，惠更斯想更进一步地证实他的解释，同时还不想失去他的最早发现权，他就用密码写下了一串字母，这些字母恰当地排列起来组成的一句拉丁文翻译过来是这样的："它被一个薄而平的光环环绕，没有什么地方接触土星，倾向土星的黄道。"土星的光环是按照它们的发现顺序命名的，从土星向外依次为D环、C环、B环、A环、F环、G环和E环。目前已经知道，这些光环包括超过10万个相互独立的小环，每一个都环绕着土星。

从地球上看过去，土星呈现出一片微黄色，它是夜空中最明亮的星星之一。如果通过望远镜来观测，很容易就能看到 A 环和 B 环，但只有在最佳的光学条件下才能看到 D 环和 E 环。在地球上，利用精度较高的望远镜可以发现土星的 9 个卫星。

美国发射的 3 个宇宙飞船使我们对于土星的了解增加了许多。1979 年9 月，"先驱者"探测器从土星附近飞越，随后，"旅行者 1 号"于 1980年 11 月、"旅行者 2 号"于 1981 年 8 月先后飞过。这些宇宙飞船携带有照相机和用来在可见光、紫外线、红外线、无线电波等电磁波段来分析辐射强度和极化性的设备，还带有用来研究磁场、探测带电粒子和行星际空间物质的仪器。

图 111

土星的平均密度只有地球的 1/8，因为它的主要成分是氢（图 111）。土星的大气很重，往土星的下层大气去，大气压迅速增加，导致氢气浓缩成为液态。在土星的中心地区附近，液态的氢又被压缩成为金属氢，成为电的良好导体。金属氢中的电流形成了土星的磁场。在土星的核心部分，较重的元素可能形成了一个小的坚硬的核，温度接近 15000 摄氏度。从 47 亿年以前太阳系形成以来，土星一直在吸收行星际空间的气体和尘埃，引力也持续增加，体积在不断地收缩，这种收缩产生了热量，导致土星辐射进入太空中的热量比它从太阳那里得到的要多两倍（图 112）。

土星的大气成分按质量多少依次为：氢（88%）、氦（11%），少量的甲烷、氨水、乙烷、乙炔、磷化氢。

"旅行者"的图片表明，旋转着的云带发生在深深的薄雾中，比木星要厚。土星的云层顶部的温度接近零下 176 摄氏度。根据对土星的云层运动的观测，可以发现土星赤道附近的大气的运动周期为 10 小时 11 分。探测到的来自土星星体的辐射表明，土星和它的磁气圈的周期是 10 小时 39

图 112

分 25 秒。两者之间大约 28.5 分钟的差别表明土星赤道处的风速接近 1700 千米 / 小时。

能观测到的土星的光环一直伸展到距土星中心 13.62 万千米的地方，但是，在很多地方，它们的厚度仅有 5 米。人们认为，它们可能是由石块、冻结的气体、水冰混合而成。小的直径不到 0.5 毫米，大的可以达到 10 米，从尘埃到大石块都有。

卡西尼缝把 A 环和 B 环分开，这个名字来源于它的发现者——法国天文学家吉奥瓦尼·卡西尼。"旅行者"的镜头显示出，在卡西尼缝之中还有 5 个新的较弱的光环。宽大的 B 环和 C 环好像存在着波纹状的密度变化。可能是光环和卫星之间引力的相互作用形成了这些密度波纹，这一点还没有完全弄清楚。B 环的亮度从不同的角度观测会不一样，如果从被太阳照亮的一边来看，它很明亮；如果从另外一边来看，它较阴暗。因为它很稠密，阻挡住了大量的太阳光。"旅行者"的图片也表明在 B 环具有放射状的轮辐结构。

土星有 18 个已经确认的卫星，还有多达 14 个新的尚未确认的卫星。人们认为过去提出的许多新的卫星仅仅是土星光环中密度较大的点。土星的卫星的直径从 20 千米到 5150 千米变化不等，它们主要是由较轻的冰物质组成的。内圈 5 个较大的卫星——米玛斯、恩克拉多斯、特瑟斯、迪奥和瑞阿具有很好的球形，主要由水冰组成。除此之外，土星还有许多卫星，土星是太阳系中拥有卫星最多的行星，形成了一个巨大的土星家族（图

图 113

113）。这些卫星可以分为外层卫星和内层卫星，它们的分界线是土卫六，名叫泰坦，它是土星最大的卫星，它表面的大气密度很大，是地球的 4.5 倍，而它的重力加速度只有地球的 1/7，在这样的条件下，人会感觉到轻飘飘的，稍微挥动一下胳膊，就能够在大气中飞翔。

彗星的发现

彗星的起源

1910 年初，在世界各大报纸上刊载了令人恐慌的消息，说地球将要和一颗"扫帚星"，即以英国科学家哈雷的名字命名的那颗彗星相碰撞（图 114）。天文学家预言：将发生在 1910 年 5 月 19 日的这次相遇，不会对地球造成丝毫危险。但是，人们对于彗星的恐惧还是很大，以致很多人误认为"世界末日"到来了。

图 114

图 115

终于到了 5 月 19 日。正如科学家们所预言的那样，在这天地球和哈雷彗星遭遇了，地球穿过了哈雷彗星庞大的尾部。但是"世界末日"并没有到来。1910 年 5 月 19 日的白天和夜晚同往常一样，没有发生什么特别的事件，对于地球也没有留下丝毫破坏的痕迹，人们虚惊一场。

天文学家们当然不会放过彗星接近地球的大好良机，他们拍下了哈雷彗星的美好照片（图 115）。

1986 年，著名的哈雷彗星再次飞临太阳，接近地球。今天科学表明，人类已经进入太空时代，并且有了从天空实验室观测科霍特彗星的经验。人们不再以恐惧的眼光看待它，而是以愉快的心情期待着它的到来。因为这奇异的天象中，人们可以获得有关太阳系和生命起源的新知识，也可以再次认真核实一下彗星对地球究竟有没有影响，如果有，则可以进而了解是什么样的影响。

可以说只有少数人看见过大彗星。因为大彗星在天空中是罕见的，它的每一次出现都引起人普遍的注意。

彗星是一种形态变化多端的天体。起初，它像一粒不太亮的模糊的小斑点，出现在繁星点点的天幕上，一个不熟悉星象的人，在这时是绝对发现不了彗星出现的。

过了几天，彗星就发生了显著变化。它在星星之间移动，从一个星座运行到另一个星座，同时它的体积和亮度也不断增加。

不久，彗星背着太阳的一面就出现了像一条透明而发亮的带子般的尾巴，有时还不止一条。这些尾巴随着彗星不断接近太阳而逐渐增大。在天文学家叫做彗头的中心，可以看见一颗模糊的小星点，这就是彗核。到晚上，彗星在星辰密布的太空中，就像一个奇异的发光的幽灵。

这样的景象为时不长，几天以后，彗星就明显的变得暗淡无光了，它的尾巴也逐渐变小，后来它就又变成一个模糊的小斑点，在星空中消失不见了。

1704 年，哈雷担任牛津大学的数理教授，致力于彗星轨道的研究。他应用牛顿发明的万有引力定律，把所有能找到充分观测资料的彗星轨道根数一一推算出来。1705 年哈雷撰写《彗星天文学》一书，阐述了1337—1698 年观测的 24 颗彗星的轨道彼此十分相似，一颗是开普勒于1607 年观测的，还有一颗便是哈雷自己观测的出现于 1682 年的彗星。它们最接近太阳的时间分别是 1531 年 8 月 24 日，1607 年 10 月 16 日和 1682 年 11 月。哈雷猜想，这是同一颗彗星的三次来访。尽管日期的间隔有 76 年 2 个月和 74 年 11 个月的差异，但他认为这可能是木星和土星的引力干扰的（图 116）。他预言这颗彗星在 1758 年会再次回来！哈雷自知自己不能亲眼目睹这颗彗星的再次归来（他于 1742 年死去），于是

图 116

他留下了这样的遗言："相信后代人一定会承认这一预报是一个英国人作出的（图 117）。"

图 117

对 1758 年彗星回归时刻的精密预报是法国数学家克雷荷作出的。在哈雷的那个时代，数学、力学的知识还不够完善。尽管他已经估计到木星的影响会推迟下一次彗星的回归日期，但他毕竟还没有办法算出这种影响的大小。然而，到了克雷荷时代，已经有了完整的数学工具，这个问题就迎刃而解了。根据克雷荷推算，这次彗星过近日点的时间是 1759 年 4 月 13 日，但可能有先后一个月的误差，理由是这颗彗星长期在人们看不见的情况下奔驰于遥远的太空之中，那里可能有我们不知道的作用力在影响着它，甚至有离太阳很远的大行星在对它起摄动作用。1758 年年底，彗星果然如期出现，到达近日点的日期是 1759 年 3 月 14 日，只比克雷荷预报的时间提早了一个月。

后人为了纪念哈雷的不朽功勋，特用他的名字来给这颗大约每76年就回归一次的彗星命名，这就是上文屡屡提到的哈雷彗星。

现代天文工作者认为，大多数彗星都是太阳系的成员。如果彗星是沿着椭圆轨道运行的，那么它就会绕着太阳作旋转运动，这叫做"周期彗星"，它们是太阳系的成员。如果彗星沿抛物线或双曲线轨道运行，那么它们绕过太阳之后，就扬长而去不再回返！

截至1980年6月，所观测到的彗星约为1800颗，其中有690颗计算过运行轨道。周期在200年以下的有150颗，周期在200年以上的150颗，抛物线和双曲线轨道的300余颗。

彗星的运行轨道十分奇特，抛物线和双曲线轨道的彗星不说，即便是沿椭圆轨道运行的也与大行星的运行轨道大小不相同。首先，行星轨道的偏心率较小，如水星的偏心率是0.206，地球的偏心率是0.017，所以大行星的运行轨道接近于正圆形。而彗星轨道的偏率多数都在0.5以上，如哈雷彗星轨道的偏心率是0.967，恩克彗星的偏心率是0.847，因此，彗星的轨道一般是又长又扁的椭圆。当然也有个别情况，如运行在木星和土星轨道之间的施瓦斯曼－瓦赫曼彗星（1925 II）和运行在火星和木星轨道之间的奥特姆彗星（1942V II）的轨道，都接近于

图118

正圆，除掉它们具有云雾状彗发外，与小行星几乎一样（图118）。

其次，彗星的轨道面不像大行星的轨道面那样接近于黄道面，而是成各种倾角，有的可以达到90度，因而天球两极区也可能出现彗星的踪迹（图119）。还有的彗星，甚至超过90度，如哈雷彗星的轨道倾角是162.2°。

第三，大行星围绕太阳运行的方向都是从西向东的。但彗星的运行方向有从西向东的，也有从东向西的。如果彗星的轨道倾角小于90度，那么它围绕太阳的运行方向就是从西向东的。如果倾角大于90度，那么它

图 119

绕日的运动方向就是从东向西了，著名的哈雷彗星就是从东向西运行的。

最后一点是彗星的运行轨道不稳定。很容易受以大行星的摄动影响而有所改变。例如，木星的摄动可以使长周期彗星（周期 200 年以上）变为短周期彗星（周期 200 年以下），也可以使短周期彗星变为非周期彗星。彗星公转周期在 1936 年以前是 18 年，而在 1939—1963 年之间是 8 年，1963 年以后又恢复到 18 年。

彗星是太阳系中比较特殊的天体。肉眼可以直接看到的彗星，一般包含彗星、彗发、彗尾三部分，但这些特征不是同时出现的。在彗星远离太阳时，它只是云雾状的小斑点，人们很难发现它。当它逐渐接近太阳时，本身的尘埃和气体被蒸发而形成彗头，彗头的中央部分就是彗核，外面包围着慧发。20 世纪 70 年代初期，用火箭和人造卫星观测彗星，发现在彗发的外面还包围着氢原子构成的云，称为彗云或氢云。当彗星进一步接近太阳时，太阳的辐射压和太阳风就把蒸发出来的气体向后推，于是在彗星背向太阳的方向形成一条或数条彗尾。但是，完全具备这些结构的彗星是少数，多数彗星都比较暗，肉眼根本看不见，只有借助于天文望远镜才能观测到它们。

彗尾的形状是多种多样的，有的细而长，有的短而粗，有的呈扁形，有的呈针叶状。按其组成的成分的不同，可以分为两类：细长彗尾，主要由气体分子组成，叫气体彗星。短粗而且弯曲的彗尾，主要由尘埃粒子组成，叫尘埃彗尾。

按体积来说，明亮的彗星是太阳系中的最"庞大"的天体。彗核直径一般约为几千米，大的达十几千米、小的只有几百米。彗核外的彗发，直径长达几十万千米，甚至大到 100 多万千米，如 1811 年出现的大彗星的彗发直径达 180 万千米，比太阳直径 140 万千米还大。彗发的体积是固定的，它随距离太阳的远近而变化。彗发外的球形彗云，直径一般约为 100 万 ~ 1000 万千米。

图 120

彗头（即彗核和彗发的总称）的体积虽然如此巨大，但只占彗星整体的一小部分（图 120）。彗尾更是长得惊人！肉眼能看到的明亮彗星的尾巴，延伸在彗头之外大约 1000 万 ~ 15000 万千米之间。个别的，如 18431 彗星的尾巴长达 32000 万千米，超过火星公转轨道的半径。

彗星的体积如此庞大，但它的质量却小得出奇。大彗星的质量为 10^3 亿 ~ 10^6 亿吨，小彗星只有几十亿吨（图 121）。乍看起来数字似乎很大，但在天体中这样的质量要算是很小的了，别的不说，就拿我们居住的地球来说，其质量就比 10^3 亿吨大 600 亿倍。彗星的绝大部分物质都集中在彗核上，即便如此，那里的平均密度也只有 1 克 / 立方厘米左右，有些彗核的密度可能更大些，也有一些彗核的密度或许只有 0.01 克 / 立方厘米。至于彗核以外的部分，则多是由气体和稀薄的尘埃粒子组成，其质量一般只占整个彗星质量的 1% ~ 5% 左右，它的密度当然极为微小。根据计算，其密度不超过 10 ~ 17 克 /立方厘米，换句话说，只有空气密度的 10×10^{16} 分之一，简直是超真空，这是目前地球上任何实验室都做不到的。可见彗星只是一个十分空虚的庞然大物，1910 年哈雷彗星正好从太阳和地球中间经过，当彗星通过太阳圆面对，从地球上看到太阳的表面和平常一样，没

图 121

有丝毫差异，甚至用最大的天文望远镜也没有找到彗星经过的痕迹，这表明彗头和彗尾是何等清澈透明啊！

彗星是从哪儿诞生的？又是怎样靠近太阳的？这一直是天文界争论不休的问题。

关于彗星的起源，历来有两种相对立的看法，这就是太阳系内部起源说和恒星际空间起源说。前者认为彗星来自太阳系内部，或是木星等大行星和卫星上火山喷发的一些物质形成的，或是太阳系内某两颗天体相互碰撞而形成的。恒星际空间起源说认为，彗星来自于太阳系以外，是太阳的引力把它们从恒星际空间俘获过来的。近年来，最被人们重视的是介乎于这二者之间的奥尔特星云假说。

荷兰天文学家奥尔特和以他为首的研究小组，在 20 世纪 50 年代从统计研究得出，长周期彗星轨道是半径长为 3 万～10 万天文单位，因此他们

图 122

认为，在离太阳很远的太阳系边缘外，有一个彗星冷储库——彗星云，也称奥尔特云（图 122）。彗星云中聚集着大量彗星核，其总质量比地球质量小，它是"新"彗星频繁出现的源泉。

彗星云中的彗星长久地远离太阳，绕太阳运行一周要几百万年。由于它们处于太阳与其他恒星之间，恒星的引力摄动使一部分彗星改变运行轨道，从而进入太阳系内部。它们与大行星（主要是木星）相遇时，有一些由于受摄动影响而改变为短周期彗星——"新"彗星，另一些可能被抛到太阳系以外。这就是奥尔特里云假说的主要内容（图 123）。

在奥尔特研究之前，关于彗星究竟是不是太阳系成员，它们中间的一

图 123

些是不是星际空间的游荡者，一直争论不休不能解决。奥尔特从彗星轨道的统计研究中发现，它们离太阳最远时大约 1 光年，比冥王星的距离还远 1000 倍，还有的彗星运行轨道略呈双曲线。

这个研究结果，很容易使人认为它们来自于太阳系之外。然而，实际情况并非如此，通过精确的计算并把大行星对彗星轨道的引力摄动和其他影响都考虑进去，那么几乎可以把所有被观测到的双曲线轨道都并到椭圆轨道。由此可以断定，差不多所有彗星都属于太阳系。

大多数彗星以数百万年的周期环绕太阳缓慢地运行，只有一些朝向太阳运行的彗星才能进入太阳系的"内腹"，也只有在这时才能被我们观测到。当彗星靠近太阳时，由于受到木星等天体的摄动影响，其轨道可能由椭圆变成双曲线，那么它在离开太阳之后，就扬长而去不再复返。

　　用电子计算机模拟计算表明，如果有恒星经过太阳系附近，它们将影响彗星的运行速度，由于它们的引力摄动，有些彗星被抛出太阳系，而另一些彗星则被抛向太阳附近，这种情况虽属罕见（平均每几百年发生一次）但这足以能解释被观测到的非周期彗星的数目。这些被掷入我们附近的彗星，在围绕太阳运行两三个星期或两三个月之后，就离开太阳，又"永远"消失在遥远的奥尔特云中了。

　　除了这些偶尔访问我们一次的"过客"之外，还有相当数量的周期彗星，它们经过若干年之后，会再次回归。大多数周期彗星的周期较短，约在 3 ～ 20 年之间，即上文提到的木星族彗星。论及它们的起源，似乎不大可能在靠太阳那么近的地方形成，必然存在着迫使非周期彗星进入较短周期轨道运行的机制，这种机制可能就是木星和土星等大行星的引力，这就是它们的运行周期与木、土两大行星的运行周期（木星约 12 年，土星约 30 年）相近的可能原因。

　　模拟计算还表明，一旦成为短周期彗星之后，由于每个彗星几年就要飞临太阳一次，所以它们的寿命就很有限了（图 124）。因为每次临近太阳，彗星表面气体被蒸发，总会损失大约 0.1% 的质量，几千年后它们就将消亡，显然它们的寿命取决于它们的运转周期。此外，有时彗星过于靠近太阳，就会毁于太阳的高温之中。有一些彗星由于潮汐力的作用，彗核会分裂成碎片，这就是有些流星群的发祥地。有些彗星是由于恒星移动使他们离开奥尔特云中的平静生活，像稀客一样来到我们这里，或者是在大行星的影

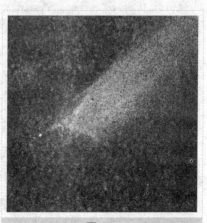

图 124

响下被迫作为常客来到我们这里。它们的数目和出现频率能帮助我们估计它们在奥尔特云中的总数。据计算，奥尔特云中的彗星不少于 10^{11} 颗，也就是说大约为 1000 亿颗。

彗星在奥尔特云中的演化过程，已经比较清楚了，然而关于彗星的起源仍然处在推测和假说阶段。根据我们对彗星的物质成分和结构的了解，可以认为彗星起源于 –170℃ 以下酷寒的环境中，同时也可以认为它们从未长期暴露在高温中，这一点把它们的起源限制在远离太阳的地方。最近的观点认为，彗星起源于原始太阳星云旋转碎片，是形成太阳和大行星的稠密星际云的一部分，起先是气体分子、水、二氧化碳和其它物质，后来凝聚成硅尘微粒，以后又逐渐积累成较大的粒子。

古人把彗星看作是不吉利的象征，视为洪水猛兽，这自然是迷信、是不科学的无稽之谈。但是在大彗星出现前后，地球上常常出现一些异常现象，却也是事实。例如，在哈雷彗星出现的前后，常伴随有酷暑、干旱、寒冷等异常气象发生。1835 年哈雷彗星回归时，世界各地出现天灾，在日本则有"天保大饥荒"出现，这是德川幕府时代最大的饥荒，饿死人口有 20 万 ~ 30 万，为此还发生了全国性的大暴乱。

1910 年哈雷彗星再次归来，在日本东京发生了明治时代最大的水灾，死者 53 人，伤者 170 人，河水淹没了 195000 户人家的房屋。这些天灾与大彗星的出现，是偶然的巧合，还是确有某种联系？确实需要人们思考和研究。现在许多科学家，甚至是第一流的科学家都在从事这个问题的研究和探讨，他们提出了各种各样的看法和假说。

关于彗星和地球的相撞问题，尤里和霍伊尔做了认真研究（图 125）。尤里是美国化学家，他曾因发现重氢获得 1934 年诺贝尔奖金。霍伊尔是英国天文学家，稳恒宇宙学的创立者。他们都认为，地球和彗星相撞的可能性是毋庸置疑的。

每年新发现的彗星有 4 ~ 5 颗之多，像彗星这样的天体与地球相撞几率是 1/4 亿。如果每年出现 4 ~ 5 颗新彗星，那么每 8000 万年就可能与地球相撞一次，实际上每年新出现的彗星还不止这些，只不过由于它们过于暗，没有被发现而已。如果把这个因素也考虑进去，那么每年新出现的彗星至少

图 125

是 4～5 颗的 10 倍，这样彗星只需要 800 万年就可能与地球遭遇一次。

地球从诞生以来，已经有 45 亿年以上的历史了，按上面所说的频率计算，那么与彗星遭遇至少已经有 560 次了。当然，这是以现代的观测资料为依据而推算出的估计数值，如果这个估数是 1 或 2，当然可以主张地球与彗星不会相撞，但现在的估算数是 500 次以上，我们不能不得出相反的结论。

彗星与地球相撞，会对地球造成什么影响呢？霍伊尔认为，它可能是地球出现冰河期的原因（图 126）。这实在是个大胆假说，因此遭到了许多学者的反对。

霍伊尔认为：在彗发的中心部位有冰核，由于太阳的照射，分子被蒸发而形成彗发，又在太阳风的吹拂下形成彗尾。彗核的质量大约是 1018 克左右，因彗星亮度的不同有上下 100 倍的浮动。彗核是由水、氰化氢、乙腈、

图 126

二氧化碳等冻结而成，并混入尘埃。彗星也许是在原始太阳系内形成的，也许是在星际气体中形成的，总之，它具有与此类似的成分。星际气体中尘埃占1%左右，彗星中尘埃的含量要稍高些。

彗核一冲入地球大气，具有马赫数大约为100超音速，由于冲击波而产生压缩热。当然如果考虑到有的彗星即使从太阳表面掠过也还依然存在，那么冰核也许是不会完全溶化的彗星冲入地球之后，立刻把大量微粒子撒向大气层，即使是小彗星（质量在10^{16}克左右），1%的尘埃也有1亿吨啊！如此大量的尘埃就像火山灰一样覆盖了地球，使地球所接受到的日照量急速下降，但海水的热容量很大，难于冷却，在此不断蒸发，陆地气温低，

图127

水蒸气形成冰雹降了下来，这样陆地就很决地为河水所覆盖。这个过程需要1～2年的时间。

以上就是霍伊尔的冰河彗星原因说的主要内容（图127）。

尤里与霍伊尔的看法恰恰相反，他认为：彗星的到来使地球的气温升高。以哈雷彗星为例，它的运行速度相对于地球来说达到70千米/秒。彗星相对于地球所具有的动能是3×10^{31}尔格，最终这些能量应该变成热能，如果将这些能量用来加热地球大气，那么它能使地球大气升高200℃。如果彗核落入海水中，能使海水升高1.5℃。如果这些能量用于激起地球的震动，可以与10万年间的地震相匹敌。

尤里认为，彗核如果与地球大陆相撞，由于压缩加热的作用，将产生爆炸，能量将变成地震能和热能，这样在广大的区域将出现"灼热的地狱"，生物将灭亡。幸存的生物再大量繁殖，于是就进入新的物种时代。

尤里的彗星灼热地狱说和霍伊尔的冰河彗星原因说，究竟哪一个正确呢？（图128）现在尚无定论，也许他们的观点都有既正确又不尽完全正确的地方。总之，他们都在试图探讨彗星对地球气候的影响。此外，霍伊尔还着重讨论了彗星对地球生命的作用，提出了地球生命起源于彗

星的新颖假说。

　　在彗星内形成的生命大概是细菌。彗星一接近太阳，表面就蒸发，其中发生的生命体就被弛撒到行星际空间，有一些则落在了我们地球上，这就是地球生命的开始。以后生命又顺应地球的环境演化、繁殖和发展。

　　从某一点来说，霍伊尔的假说是非常有趣的。在第三部分我们曾介绍过，最近生命的地球自然发生说发生

图 128

了困难，霍伊尔的假说为生命的起源问题找到了新的出路。如果彗星中发生过生命，那么这是有可能被检测出来的。同时，如果彗星至今仍然含有原始形的生命，那么就会对地球不断地产生影响。可见，探讨彗星对地球的影响是很有意义的一大课题。

彗星木星相撞

　　1994 年 7 月 17 日至 22 日，"苏梅克—利维" 9 号彗星的 21 块彗核碎块，以每秒 60 千米的速度先后撞击到木星上。这是人类从未见过的极其罕见的天象。

　　1. 偶然的发现

　　1993 年 3 月 24 日，几位天文工作者在美国帕洛玛山天文台，通过一架口径 40 厘米的天文望远镜进行巡天观测，观测的天区是天秤星座，目的是搜索接近地球的小天体（图 129）。由于天气不理想，观测者对这次观测结果没抱什么希望。

　　但是，参加观测的卡罗琳·苏梅克女士还是认真地核实观测资料。在检查中，她突然从胶片上发现一个长方形的露光影迹。这是什么？是天体？天体怎么会是长方形的呢？哪有长方形的天体呢？是观测中的失误吗？也不会。因为在前两张胶片上都有这个影迹，而且它在星空背景上有位移。

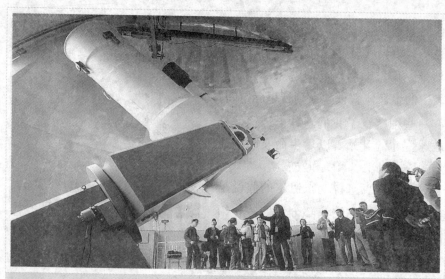

图 129

心细如丝的卡罗琳突然想到这可能是一颗彗星———一颗被"压扁"的彗星。观测者们进行了一个多小时的讨论，最后判定为彗星。但是，还需进一步证认。他们马上请求美国基特峰天文台詹姆斯·斯科特可以再次观测确认（图 130）。3 月 26 日，斯科特使用口径 90 厘米的天文望远镜观测，很快证实这是一颗慧核已分裂的彗星。这就是被命名为"苏梅克—利维"9 号的彗星。这一发现传遍世界，引起天文学家的浓厚兴趣。

"苏梅克—利维"9 号彗星的名字代表了三位发现者，他们是尤金·苏梅克、卡罗琳·苏梅克、和戴维·利维。这是他们合作发现的第 9 颗彗星。尤金·苏梅克是美国地质勘探局天文部的负责人，他从 1980 年起，专门主持对近地小行星的观测和研究工作，时年 66 岁，卡罗琳·苏梅克是尤金·苏梅克的妻子，时年 65 岁，她是一位天文爱好者，对观测彗星有极大的兴趣，有很丰富的观测经验，也有很大收获。

图 130

她从 1983 年发现第一颗彗星起，

到 1992 年 10 年间共发现 32 颗彗星，其中自己独自发现 27 颗彗星。仅 1991 年 1 年，她就发现 9 颗彗星。27 颗和 9 颗都打破了世界记录。她被誉为"彗星老太太"。法国马赛天文台的詹·路易·庞斯，从 1801 年至 1827 年共发现 27 颗彗星，他的世界冠军记录一直保持到 1991 年。卡罗琳·苏梅克与戴维·利维从 1980 年至 1993 年合作，共同发现 9 颗彗星。戴维·利维是一位年轻的天文爱好者，也对彗星观测工作作出过很大的贡献。他除与别人合作观测外，自己也发现好几颗彗星。这三位都可称为捕捉彗星的猎手。

2. 探索与预报

木星和"苏梅克—利维"9 号彗星都在天秤星座。天文学家们决心把彗木之间的关系搞清楚。1993 年 3 月 27 日，美国夏威夷莫纳克亚天文台拍摄到这颗彗星彗核分裂成 21 块碎块的照片。此后，美国基特峰天文台和哈勃空间望远镜也都相继拍摄到同样清晰的照片。

天文学家们最拿手的好戏是根据观测数据算出彗星的轨道（图 131）。计算结果表明，这颗彗星绕太阳运动的周期约 11 年。当它从木星身边穿过时，被木星引力捕获，彗木之间的关系被揭示了。那么发展的趋势如何呢？进一步计算又有新的发现。

图 131

原来这颗彗星是 1992 年 7 月 8 日离木星最近，距木星表面约 4.3 万千米。正是在这时，彗核被木星引力拉碎，彗星变成绕木星运动的一个群体。1993 年 7 月 14 日，它距木星最远，距木星表面约 5000 万千米，破碎后的彗星在空间分布约 500 万千米。根据这种运动趋向，预计它将在 1994 年 7 月 17 日至 22 日之间，先后撞击到木星上。1993 年 5 月 22 日，美国哈佛史密松天体物理中心的科学家布莱思·马斯登发表了上述爆炸性的新闻。

后来，约曼斯顿又进一步预报这颗彗星将撞到木星的南半球中纬度地带。这项预报引起全世界科学界的关注。它预报的虽是天文问题，但是它却是当代科学与技术的整体水平。

3. 撞击与观测

这项预报震惊了全世界，掀起了观测"彗撞木"的热潮（图132）。天文学家们纷纷做多种观测准备，有可见光，有红外，有紫外，有射电，还有空间观测，甚至把正在飞向木星的"伽利略"号探测器也调动起来观测这一撞击现象。观测条件在地球南半球最为理想。因此，天文工作者不远万里到南非、大洋洲、南美，甚至到南极。

图 132

我国北京天文台、上海天文台、云南天文台和紫金山天文台等，都投入了这场空间的观测中正如预报一样，彗星21块破碎的彗核先后撞击在木星的南半球。撞击过程中，在木星上空出现了爆炸，形成了火球，发出了闪光，在木星大气中残留下黑斑。使天文学家们大饱眼福，目睹了一次太阳系内天体之间罕见的撞击天象，从而大大增强了人类对彗星、木星和撞击事件的认识。这次撞击事件的特点是：预报准确，撞击规模巨大，持续时间久，撞击现象清晰，给天文学家们留下许多思考和启迪，在天文学史中留下难忘的一章。

流星的发现

陨 石

1954 年 11 月 30 日下午，在美国阿拉巴马州西拉科伽镇，霍奇斯夫人正躺在自己家中的沙发上，悠然自得地睡午觉，突然一声巨响把她从睡梦中惊醒，一瞬间她以为是气炉爆炸或是烟筒倒塌，但冷静一看，只是一块石头滚到沙发旁边，她感到左腰很痛。原来，一块石头自天而降，凿穿屋顶、撞在收音机上弹了过来，正好打在霍奇斯夫人的左腰上。这块石头长 17 厘米，重 4.5 千克，鉴定的结果表明，这是来自于宇宙的一块陨石（图 133）。

图 133

1938 年 9 月 29 日早晨，美国伊利诺斯州宾德镇的一位妇女。听到一物体与地面撞击的声音，她想，可能是一架飞机失事了吧，她巡视四周，并没有什么坠落的飞机，不一会在离她 15 米的汽车房里找到了一块 2 千克重的石头，经检验是一块陨石。这块陨石打穿屋顶撞击在一辆汽车上。这是人类史上第一次陨石砸伤汽车的事情。

陨石危及人类的事情多得很，最有名的是 1847 年 7 月 14 日发生在波希米亚（在原捷克斯洛伐克西部）布朗娜鸟镇的事件。那一天，一块重 20 千克的陨石砸破一位居民的屋顶，飞入正在熟睡的 3 个孩子的屋里，溅起的泥土飞扬在床上和被褥上，所幸的是 3 个孩子安全无恙。

在英国伦敦大英博物馆刊的陨石目录表中，列为第一号的是阿波陨石。

这块落在日本的陨石，从字母的顺序来说，排在首位是无可非议的，但是，它还有一段有趣的故事呢！

1927年4月28日，日本茨城县稻敷郡阿波村一个叫粟山千代的5岁女孩，在院子前边玩耍，突然她的头被砸了一下，她大声哭叫起来，家人急忙赶来，小女孩的头部鲜血直流，旁边有一块小石头。这块小石头是陨石吗？周围舆论哗然了，许多国家的天文书籍都这样介绍，大英博物馆甚至把它列为陨石目录的第一位。遗憾的是，后来的研究结果表明，这块石头并不是什么陨石，因而也就从陨石目录中把它除掉了。

然而下面这件事却是真的。1958年11月26日下午3时许，日本琦玉县大里郡冈部村，一位叫做琦正雄的农夫正在麦田耕作，忽然一声巨响，在离他2～3米的地方，落下一块小炮弹那样的东西，他慌忙跑过去一看，在表土下面70厘米的深处，有一块拳头大小的黑石头，经鉴定是陨石，重200克，被命名为冈部陨石，现在保存在东京科学博物馆里（图134）。

图134

例如在我国，公元616年即隋大业十一年，陨石把卢明月的营房打破了，还压死了10余人。公元1512年即明正德七年，峰县陨石毁官民房屋1000多间，并且连城外的树木也烧毁了。公元1513年，丰城坠落大陨石烧了2万余家。又如公元1511年，意大利米兰有一个人被陨石击毙。公元1790年，法国一位农夫死于陨石之"手"。公元1825年和1871年，在印度也发生了两起类似事件。

更有甚者，是陨石与航行中的船只和飞机相撞（图135）。1907年和1920年，在大西洋分别观测到两次陨石坠落在汽船近旁的事件。帆船受到陨石的伤害而沉没的事件也发生过。

图135

1908年2月，美国货船埃克里浦斯号从澳大利亚的纽卡尔港驶往美国的圣弗兰西斯科，行至距夏威夷900千米的海域，遇到大风暴，忽然一个大火球自天而降，折断船杆，击断船首，沉于海中，船员怆惶转乘救生艇逃命，漂泊15天才到达夏威夷，其中有数人送了命。1930年发生的希腊货船萨吉里斯号事件更为严重。该船行至地中海，突然从天上落下一块陨石，砸在船上。船身被截为两段，立即沉没，人财毁于一旦。

这些事实告诉我们，在海上突然失踪的遇难船只中。陨石击沉也是一种可能的原因。1887年，日本海军向法国订购的军舰"亩傍"号从法国开向日本，行至新加坡突然失踪了，使日本举国惊愕，这是不是也和陨石有关呢？

在大西洋西北部，有个三角海域，叫百慕大，据统计，到目前为止已经有35艘以上的船舶、飞机在那里失事，上千人在那里失去音信。这已经成了当代一大未解之迷。许多人著书立说，向这个疑谜挑战，但至今还没有得出什么结果。有些船舶意外的在这个海域遭到陨石的袭击，恐怕也是不能排除在外的原因之一吧！

西方最古老的陨石记载，恐怕是在《旧约圣经》之中。该书《约书亚记》第10章第11节有这样的记载：约书亚在征服迦南人时，自天而降的石块落入敌军营垒中，砸死的敌人比刺死的还多。又《旧约圣经·创世纪》上说，耶和华神从天上降下火焰扫罪恶之城索底姆和格莫勒统统烧掉。这恐怕也是陨石所为吧？

自天而降的陨石，究竟是什么东西呢？它到底来自宇宙的何处，又是如何陨落到地面上来的呢？

不少人认为，陨石和流星是同一类东西。在太阳系空间分布着千千万万大小不同的碎块，叫流星体（又称陨星），有人也把它们叫作宇宙尘埃，沿着椭圆形轨道绕太阳运行（图136）。

有时它们飞到离地球比较近的空

图136

间与地球大气摩擦、生热发光，这就是流星。冲向地面的大流星，如同一个巨大的火柱，就叫火流星。大部分流星都在地球大气中燃烧完毕，但也有特别大的流星，在冲向地球的"旅途"中没有烧完，于是就落到了地球上，这就是人们看到的陨石。

图 137

但是，也有不少科学家认为，陨石和流星不是一类东西。流星是彗星核破碎的产物，而陨石则是来自于众多的小行星（图 137）。

第一个证明陨石源于小行星的事件是，1947 年坠落于西伯利亚的锡霍特·阿林陨石。

1947 年 2 月 12 日上午 10 时许，一块大陨石落在符拉迪沃斯托克（海参崴）以北的锡霍特·阿林山脉。这是通古斯爆炸事件后 40 年的事情。大约有 100 人目睹了这一壮观场面，在蔚蓝的天空背景上，一个像满月那么大的火球，放射着像太阳那样的光芒，自北向南飞去，它一边散发着火花，一边以极快的速度横贯天空，接着是可怕的爆炸，巨大的烟柱腾空而起，浓烟升到 30 千米左右的高空。村子里许多人家的玻璃窗被震得粉碎。

派往现场的考察队发现，在阿林山脉的斜面上有许多坑穴，大的直径达 20 米，小的在 1 米以下，分布在 1.6 平方千米的范围内，坑的数目在 200 个以上。

科学家们推测，这次陨落的陨石是铁质的，重量在 35 吨左右。在它未冲入地球大气时是一整块，进入大气层以后，由于与大气摩擦、生热爆炸，致使破碎，散落在地面上。

阿林山脉面对日本海，那里人烟稀少，所以没造成什么伤害。据推算，如果这个陨石提早 15 分钟陨落，就会冲向日本北海道，造成惨重的灾害。

目击到这次事件的人很多，因此考察队有可能收集到有关这次陨石坠落和方向、角度等数据，由此可以推出，阿林陨石在进入地球大气层之前的运动轨道。这个轨道是细长的椭圆形，远日点在火星和木星的轨道之间，近日点在地球轨道内侧。也就是说，它的轨道和小行星的运行轨道很相近，因此，认定这块陨石是一颗脱离轨道、靠近地球、落入地面的小行星。

另一次事件也可以作为陨石源于小行星的证据（图138）。1959年4月7日夜晚，捷克斯洛伐克的昂德廖

图 138

菲天文台在作通常的流星观测时，正好发现一块陨石落下，这块陨石坠落在布拉哈市附近，这一过程被天文台拍摄了下来，因此可以准确地求出陨石下落的速度和方向，从而求出陨石在地球大气层以外的运行轨道。计算表明，这个轨道和小行星的轨道一样，也是细长的椭圆。

为了更深入地研究，美国密斯森天体物理研究所在美国宇航局的大力支持下，从1964年开始执行"大平原计划"，即在美国中部7个州内（都是大平原）设置16个有自动照相机的观测站，时时刻刻监视着天空。如有陨石坠落，监测网就可以立刻确认出陨石下落的速度和路线（图139）。

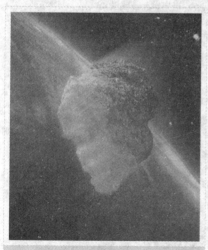

图 139

科学家们原来估计，这个监测网1年内可以观测到1千克以上的陨石1～2次，并把下落的地点精确地算定在100米的范围内，实际要做到这一点并不容易，几年过去了，毫无成效。

1970年1月3日，幸运的事终于来了。那一天美国中部标准时间20点14分，一个比满月还高的火球出现在俄克拉荷马州的北部上空，向东南方向落下，冲击波的响声在1000平方千米的范围内都能听到。

监测网的4个观测站拍摄到大火球，并从中得到如下数据：

①火球冲入地球大气层之前的速度是 14.2 千米 / 秒；

②火球最高点的高度是 86 千米；

③火球的最终速度是 3.5 千米 / 秒，其时高度为 19 千米；

④照片的曝光时间为 7 秒钟。

据此算出，陨石坠落的地点在罗斯特底东部。1 月 9 日果然在该地找到了陨石，距离计算地点仅仅差 700 米。大平原计划获得成功。

密斯森研究所的科学家们算得的罗斯特底陨石的空间轨道也是细长的椭圆。据此，不少科学家确认，陨石的故乡是小行星。

流星雨

1. 狮子座流星雨

1833 年 11 月 12 日，从深夜到黎明，美国东部居民看到一场空前的流星雨。在长达 7 小时的时间里，从天空的一角一下子涌现出大量流星，布满天空，就如暴雨似地降了下来。有人报告说："从清晨 5 点 45 分到 6 点这 15 分的时间里，在地平线附近，仅仅占全天 1/13 的天区内，计数到 650 颗流星"。如果按照这位报告人所说的情况推算，15 分内全天将落下 8600 多颗流星，1 小时达到 34 500 颗，持续 7 个小时就是 24 万颗啊！

海尔大学教授奥斯特德这样形容这场流星雨："无数的流星流向四面八方，几乎没有空隙。有的比金星还亮，有的比月亮还大，宛如大片的雪花，纷纷飘落，每一个雪片就是一颗亮晶晶的流星。"

图 140

在佐治亚州有一个农场，几百名黑人看到这奇异的景象，他们惊恐地喊到："天空起火了！"并且都紧紧地匍匐在地面上。教堂里的钟声响了，信徒们认为是世界末日来临，纷纷到教堂做祷告。

有的目击者仔细观察了流星的运动，他们发现（图140），流星不是杂乱无章地坠落，而是从狮子座的一点辐射出来，这一点固定不变，仅仅随着天球的周日转动而移动。这是19世纪最重要的天文发现之一，因为这是现代流星天文学的起点。

由于这一流星雨是从狮子座辐射出来的，所以称为"狮子座流星雨"，又叫"狮子座流星群"（图141）。

关于狮子座流星雨的另一次有科学价值的记录，保存在德国地理学家、探险家洪保德的日记里。1799年11月11日夜晚，洪保德在南美委内瑞拉北海岸的库马纳目击到一次狮子座流星雨。他在日记中这样写道："2点30分流星最为活跃。明亮的流星从东北流过，最大的看上去比月亮的直径还

图141

大。流星的痕迹持续7~8秒钟，中间有像木星那样大小的核，散发着鲜明的火花，四下飞舞，成千上万的流星和火球持续降落了4小时之久。"

其实，狮子座流星雨远不止这两次。美国天文学家、海尔大学教授H.A. 牛顿于1864年证明，历史学家们记载的公元902年、931年、1002年、1101年、1202年、1366年、1533年、1602年以及1698年10次明亮的流星雨都属于这一群。最早的狮子座流星雨的记录是西班牙人做的。他们记载公元902年10月，西班牙国王临死的一瞬间，无数的星星在天空流动，犹如下雨般地降下来。我国最早的狮子座流星雨记录是在公元931年，据《新五代史》记载，五代后唐长兴二年"九月丙戌，众星交流；丁亥，众星交流而陨。"

牛顿认为，这个流星群以33年的周期重复出现，他预言下一次出现的时间是1866年。果然1866年又有一次大的流星雨，虽然不如前两次壮观，

可是在 1 小时内有人计数了 6000 余颗流星。根据天文学家道宁和斯托文的计算，由于受到木星、土星以及天王星三大行星的摄动影响，这个流星群的主要部分离开地球 300 万千米，这样上个世纪末的那次流星雨便不会明显的出现了。事实果然如此，1899 年那次，1 小时只看到了 1 颗流星，

图 142

稀小到如此程度，人们不能再观赏宇宙的这种奇特天象，真是一大憾事。1932 年、1965 年的情况也是同样。于是天文学家们只好转移视线，去注意观测其他流星群的情景。

但是，1966 年 11 月 17 日早晨，在美国西部上空，大流星雨又重新出现（图 142）。在亚利那州的上空，无以数计的流星像白烟似地漂着，有报告说，从清晨 5 点钟之后的 20 分钟内，每分钟竟计数到 2300 颗，真是盛况啊！美国天文界人士十分兴奋，谁都想不到沉寂多年的狮子座流星雨又重新出现了呢！对此情此景议论纷纷，但重新出现的真正原因并没有弄清楚，显然，这与流星群运行轨道上的粒子分布情况有关系。

狮子座流星群和一度出现过的顿珀耳彗星（18661）有关（图 143）。这颗彗星的远日点距离太阳差不多等于天王星的轨道半径（即 2870 百万千米），运转周期差不多也是 33 年。1866 年，意大利天文学家斯基夏帕雷里（即发现火星"运河"的那位天文学

图 143

家）确认，狮子座流星群的运行轨道和顿珀耳彗星的运行轨道是一致的。

2. 雅科比尼流星雨

20 世纪最有代表性的流星雨，当推雅科比尼流星雨。它在 20 世纪的 80 多年中已经被观测到 4 次，即 1926 年、1933 年、1946 年和 1952 年。有的科学家还指出，古代记录中的公元 585 年、859 年、1358 年、1841 年和 1847 年的流星雨可能就属于这个流星群，我国没有这方面的古代记录。

说起这个流星群的名字，显然与雅科比尼·济内尔彗星有关。这颗彗星是法国尼斯天文台的意大利籍技师雅科比尼于 1900 年 12 月 20 日发现的，曾被连续观测达 8 周之多，后来一度消失，1913 年 12 月 23 日又再次被德国天文学家济内尔捕获，因而取名为雅科比尼·济内尔彗星。

1926 年 10 月 9 日夜晚，英国流星观测家克隆米林和伊达德逊观测到一场流星雨，辐射点在天龙座 ξ 星附近。后来克隆米林和伊达德逊计算出这个流星群的运行轨道与雅科比尼·济内尔彗星的运行轨道一致。

真正的雅科比尼大流星雨出现于 1933 年 10 月 9 日，那一天夜晚，英国、法国、德国、俄国、波兰和西班牙等欧洲各国都看到了一场惊人的流星雨，持续了 3 个小时，是进入 20 世纪以来最大的流星雨，因而不能不引起全世界人们的注目，但在美洲和亚洲没有看到这场空前盛况的流星雨。

1946 年 10 月 9 日，雅科比尼流星再次出现，这次的"舞台"移到了北美。尽管当时满月当头，天空背景很亮，但每秒钟仍能计数到 1 颗流星，有报告说，1 小时降了 50 万颗。美国的流星爱好者们抓住这个大好时机，进行了肉眼、照相、雷达等各种手段的观测，硕果累累，喜不胜收。

图 144

1952 年仅用雷达能观测到，肉眼几乎看不见，此后流星雨竟全然不见了。人们相信，流星群的运行轨道是受了木星的影响而发生了偏离。天文学家推算雅科比尼流星群会在 1972

图 145

年 10 月 9 日清晨再次接近地球，那时可以看到一场可观的美丽的流星雨现象（图 144）。这一报道在日本引起了轰动，许多天文爱好者做了大量准备工作，届时通宵不眠、仰望天空，为了便于观测，有的市镇连探照灯和霓虹灯都灭掉了。遗憾的是，雅科比尼流星雨并没有出现（图 145）。

流星雨的预报要比日月食的预报困难得多，这是因为流星物质的分布状况十分复杂。即使利用电子计算机计算，也难免不出差错。

1826 年 2 月 27 日，驻守在捷克的奥地利陆军大尉、业余天文学者比拉用望远镜捕捉到一颗彗星，他跟踪观测了两个星期，算了它的运行周期是 6.6 年，这颗彗星被命名为比拉彗星。其实这颗彗星在以前已经被人们观测过。1772 年 3 月 8 日，法国的蒙德钮用小望远镜发现了小彗星，1805 年 11 月 9 日，彗星探索家庞斯用肉眼也可以看到它，天文计算表明，这三次看到的是属于同一颗彗星。

天文工作者把地球、木星和土星的摄动计算进去，推算出比拉彗星应于 1832 年 11 月 26 日过近日点，结果它应时而来，只比预报提早 12 个小时。下一次回来应该在 1839 年，但是这次视位置和太阳接近而未能观测到它。

再下一次，预报比拉彗星应该在 1846 年 2 月 11 日过近日点，可那一次，早在 1845 年 11 月就已经能够看到它了，还发现彗核有个突出的部分。1846 年 1 月 13 日，惊奇的现象突然发生了，比拉彗星分裂为两颗，分出的部分最初又暗又小，不久就愈来愈亮。这两颗彗星继续在空间运行，每一颗都有自己的彗核和彗发，它们之间的距离慢慢加大，到 2 月 10 日已有 24 万千米的距离了。近代天文学家还从来没有看见过这种彗星分裂的现象，因而曾轰动一时。

1852 年 9 月这对彗星又回来了，它们之间的距离已经增加到 240 万千米之遥。

1859 年又该能看到它了，但因和 1839 年同样的原因而没有观测到，只有等 1865 年再观测了。可是到了 1865 年，虽然天文学家把它们的位置计算得很精确，许多天文台也尽力寻找它们，但是没能发现它们的踪迹，从此以后人们再也没有找到它们，比拉彗星失踪了。

这颗分裂的彗星失踪后，留下了一件令人惊奇的事情。当地球于 1872 年 11 月 27 日穿过原来比拉彗星运行的轨道时，这天夜晚天上发生了一阵灿烂的"流星雨"，这并不是夸大的形容词，真和下雨一样地落了一地，到处都像在放节日的焰火，看上去真使人眼花缭乱，喜出望外。流星雨从

图 146

这一天的 19 时开始，到第二天凌晨 1 时才停止，极盛时期是在夜里 21 时。有人估计，流星总数在 16 万颗左右（图 146）。流星雨的辐射点在仙女座 γ 星附近。

3. 科学解释

比拉彗星消失了，仙女座流星雨出现了，这是怎么回事呢？它们之间有什么关系吧？当然我们不能不怀疑这是分裂的比拉彗星改头换面的重新出现（图 147）。计算结果表明，与比拉彗星的运行轨道颇为一致。这样，疑问找到了答案：原来流星雨就是彗星瓦解的残骸。

彗星每经过太阳附近一次，都要变"瘦"变小，把大量比砂粒还小的宇宙尘埃抛到空间去，这些微小粒子沿着原来的彗星轨道环绕太阳旋转。

图 147

如果地球接近彗星轨道，微粒子在地球的引力作用下，落入地球与大气摩擦生热发光，成为流星雨，这就是流星雨来源的科学解释。

每年地球总是在一定的时间内穿越彗星轨道，届时就会出现美丽动人的流星雨。但是，流星物质并不是在

揭开宇宙的秘密

彗星轨道上均匀的分布着，而总是成为浓密的团块状。例如狮子座流星雨以 33 年的周期重复出现。

至于仙女座流星群的情况，回溯过去，在 1798 年、1830 年、1838 年已经被人们观测到了，那时流星处于比拉彗星之前大约 5 亿千米的地方，而 1872 年出现的流星雨则在它后面达 3 千米。所以团块流星物质沿着彗星轨道的分布至少有 8 亿千米。可见比拉彗星运行轨道的时候，在 5 小时之内总计有 40 000 多颗流星出现。

1885 年以后，没有观测到大的流星雨，但每年 11 月 27 日，总有一些流星从仙女座降下来，不过一年比一年少就是了。可见比拉彗星的流星物质已经逐步地均匀散布在它的全部轨道上了。

引人入胜的流星雨，其特征是不仅数量众多，而且都是从同一个方向落向地球，因此，从地面上看起来，流星雨是从空中一点向四外辐射的，如同火花一般。为此，流星群通常取辐射点所在的星座命名，例如狮子座流星群、仙女座流星群、天琴座流星群等。

图 148

另外一类流星，它们不像流星群那样成群结队的"集体活动"，而是单独地偶然出现，所以叫单个流星。又由于这类流星的出现总是零星的，彼此之间没有什么关联，时间和方向毫无规律可言，所以，在其他天体的引力作用下，一些流星体脱离了星群（图 148）。这类流星物质如果与地球相遇就会成为偶现的流星，通常人们也叫它"贼星"。

在晴朗的没有月亮的夜晚，一个目击者 1 小时可以看到 10 颗左右的单个流星，如果照此计算，从整个地球上每小时用肉眼可以看到的流星就在 2000 万颗以上，如果再遇上更暗的，一天就

图 149

有数十亿颗流星进入地球大气，它们的质量大约有 20 吨左右（图 149）。在一个夜晚，偶现流星出现的频率是不一样的，下半夜比上半夜出现的流星要多些，而且也明亮些，这是什么原因呢？道理很简单，因为下半夜出现的流星是同我们地球正面相遇的，或是地球追上的流星；而上半夜出现的是追上地球的流星。

我们知道，主要流星群都集中在 7 月份以后出现。那么偶现流星在一年之中出现的情况怎样呢？根据日本东亚天文学会流星科村上忠敬和薮保男的观测统计，在北半球每年 4 月偶现流星最少，9 月最多。原因何在还没有弄清楚，有关偶现流星周年变化的研究还很不充分。

英国天文学家霍伊尔认为，一般肉眼可见的流星，密度都惊人的低，差不多是水的密度的 0.05 倍，这样的流星即使是固体，也是多孔性的结构，与陨石（密度 3 ~ 4 克 / 立方厘米）和陨铁（密度 8 克 / 立方厘米左右）完全不同。许多流星体通过大气时会碎裂，并且在很低的压力下就破碎，这种现象也说明它们是由易碎的和多孔的松脆物质所组成。

4.“飞碟”现象

所谓“飞碟”是人们对那些被怀疑为宇宙人所乘坐的、飞向地球来的不明飞行物的总称，英文缩写是 UFO。近年来，有关飞碟的报道甚嚣尘上，吸引了千千万万的好奇者，其实那些飞行物有很多就是流星，尤其是缓慢飞行的火流星，被人们误认为飞碟的可能性更大。

1976 年 9 月 5 日下午 7 时许，“噗”的一声，一个怪物——黄色火球，出现在日本东京的上空，自东南向西北横贯而过，“啊！飞碟”，有人惊叫起来。警视厅得到 110 个人的报告：“瞧那奇怪的光芒，虽然不能肯定是飞碟，但大致总错不了！”人们兴奋地议论着……

羽田机场的管理人员、首相官邸的警备人员、皇宫警察都目睹到了这个怪物。但日本国立科学博物馆的山村定男等专家断定：“从出现的时间

图 150

揭开宇宙的秘密

图 151

仅 2 ~ 3 秒钟和颜色等情况来看，这个怪物不是别的，是 1 年仅出现两三次的火流星（图 150）。"正巧，当时在后乐园球场转播棒球比赛的电视摄像机，把这一怪物清楚地摄入了镜头，由此还算出了它的轨道，这样可以肯定那个怪物确实是一颗火流星（图 151）。

但是 5 个月之后，即 1977 年 1 月 20 日黎明，在还完全漆黑的东京上空，又出现了发蓝白光的不可思议的物体，它的大小如同人头，像水银灯那样发亮，从东京、大田区上空北去，向琦玉县方向缓慢飞去。目击者达 100 余人。"UFO"！"这恐怕是不祥之兆吧！"人们一片骚动。警视厅发出"非常警戒"的指令，防卫厅也用雷达跟踪这个来历不明的奇特物体。

大约 1 个小时以后，从日比谷公园派出所传出"蓝白色物体低空飞行，大概降落在皇宫的楠正成公铜像附近"的情报，巡逻车迅速驶往楠公像，警察手持电筒，仔细寻找，并没有什么怪物一类的东西。后来又传出"降落在浜离宫"的消息，查找结果也是一无所获。非常警戒解除了。

山村定男博士判定："这也是流星。"火流星每 3、4 个月出现一次，这一天由于天气的关系，有时看得见，有时看不见，因此很容易被人们误认为是飞碟并引起骚动。

流星通常在非常高的天空飞行，但是肉眼看起来却像近在眼前。流星飞过常常留下白白的亮迹，叫流星余迹。流星余迹分为两类：流星本体消灭后即消失的叫短命余迹；有的流星余迹存在可达几秒钟到几分钟（也有的报告说长达几十分钟到 1 小时以上），叫长命余迹。前者即使是低速飞行也可以看到，后者则仅限于高速度的亮流星。长命流星余迹很容易被人们误解为飞碟。根据美国空军的飞碟调查记录，在 663 件目击事件中，有 130 件是陨石、流星，其次是气球、人造卫星碎片、飞机、探照灯等。

不习惯于空中现象的人，偶然仰视天空，往往会看到"奇妙"的东西，从而感到惊奇。近年来报刊、广播电视中有关 UFO 的报道日渐增多，人们看到空中不可理解的各种现象，很容易和飞碟联系起来。

宇宙人乘飞碟来到地球，这种想象是玄妙的，但却缺乏科学根据，很多天文学家都否定飞碟的存在。在以观察星空为职业的天文学家中，很少有人报告说看到了飞碟，这是因为天文学家对于天空中的现象早已习惯，尤其是对于各式各样、丰富多彩的天象能够辨认得一清二楚。

1913年2月9日下午9时许，加拿大多伦多市民目睹到奇异的流星。在西北天空，突然出现了火红的物体，随后逐渐变大，长出长长的尾巴，宛如喷射的火箭，它不下落，而是沿着水平方向飞行（图152）。不久，这不

图 152

可思议的火球又三两成群地出现，与前面相同，也沿着水平方向飞行。

2月9日，在美国许多地方很多人也看到了这群奇异的流星，那时人们并没有把它和飞碟联系起来，可以想象在飞碟盛传的今天，如果不识天象的人们看到它，又会误认为是宇宙人乘坐的飞碟了。

星　云

在天文学上，星云是指宇宙中一切非恒星状的气体和尘埃组成的明亮发光的气体尘埃云。

从星云的形态来看，可以将它们分为：行星状星云、超新星剩余物质云、弥漫星云；从星云的发光形式来看，可以将它们分为：发射星云、反射星云、暗星云。

行星状星云与行星并无直接联系，之所以称之为行星状星云，是因为

它在小型的天文望远镜中看起来通常类似于一颗行星。它们实际上是一个老态龙钟的普通的恒星在演化过程中还没有变成白矮星，处于红巨星阶段时所脱落下来的外壳上的物质组成的，是一些即将消亡的恒星抛射出的气体外壳。一个典型的行星状星云的跨度小于1光年。天琴座环状星云就是一个典型的行星状星云，它的旋转周期约为 132 900 年，全部的质量相当于太阳的14倍。在银河系中已经发现了数千个行星状星云。我们的太阳在大约50亿年后也可能会产生一个行星状星云。

图 153

外表壮观但数量较少的星云是那些超新星爆发时的碎片所形成的星云，最有名的恐怕就是金牛座蟹状星云，目前它正以每年0.4%的速度变暗（图153）。

弥漫星云结构庞大，常常有数光年宽，没有确切的外部轮廓和典型的云状外表。它们既不太明亮，又不太阴暗，稍显明亮的弥漫星云是受到它附近的恒星的影响。这类星云包括太阳中很著名的天体，比如猎户座大星云（图154）。弥漫星云中大规模的物质流动是混合在一起的，猛烈而又毫无秩序。人们已经发现了数千个明亮的弥漫星云。

阴暗类型的弥漫星云是通过不发光的云团或银河系中昏暗部分的云团来观测的。它们距恒星太远了，难以反射恒星的光，自身又难以发出辐射。这类星云中最著名的是猎户座的马头

图 154

星云，星云的四周较明亮，黑暗的物质呈现出类似马头的特殊轮廓，马头星云因此得名。在观察银河系银盘中的星云上长长的阴暗裂缝时，成功地发现了暗星云。不管是亮星云还是暗星云，人们都认为它们正处于尘埃物质浓缩的过程之中，新的恒星将要在那里形成。

发射星云又叫气体星云，它主要由高温气体组成。组成星云的物质受

附近的恒星发出的紫外线影响而带有电荷，并在它们降压的过程中放出射线（在很大程度上类似于霓虹灯）。这类星云通常都是红色的，因为它们的主要成分氢在此情况下呈红色（其他物质呈不同的颜色，但氢的含量远高于其他物质）。气体星云通常会孕育新的恒星。

反射星云又叫尘埃星云，它是由尘埃组成的星云，靠反射附近恒星发出的光而能被看到，反射星云由此得名。尘埃星云也常常成为恒星诞生的场所。它们看上去常呈蓝色，因为它们反射的蓝光较多。尘埃星云和气体星云一般都会呆在一起，有时它们一起被称作云雾状星云。

暗星云也是由尘埃组成的，由于恒星发出的光来自它们的背后，才使它们看上去显得很"黑暗"。暗星云的物理组成与尘埃星云基本相同，它们之间的惟一不同是光源、星云和地球的相对位置不同。暗星云也经常与尘埃星云和气体星云呆在一起。

银河系

晴朗无月的夜晚，人们仰望天空，会看到有一条光带从地平线的一端横过天空落到另一端，它像轻纱般柔和轻盈，点点星光若隐若现，这就是银河（图155）。

银河系是一个星系，它包括了太阳、地球以及太阳系中的其他成员。银河系中有上千亿颗恒星，巨大的尘埃粒子云和气体横贯整个银河系。银河通常是指肉眼所能看到的银河系部分。银河系的形状酷似一个中央凸出的圆盘，恒星、尘埃和气体从中央的突起部散开，形成

图155

一个长长的、弯曲的旋臂。正是因为这个原因，天文学家们把银河系分类为螺旋星系。如果远远地从银河系上方观察，银河系类似一个巨大的风车。但是，因为我们位于银河系之中，我们只能看到位于地球周围的一些恒星的微暗的星光。银河系有 3 个主要组成部分，包含旋臂的银盘，中央突起的银心和晕轮部分。

图 156

银盘：是星系的主体（图 156）。恒星、气体和尘埃大多数都集中在一个形状像铁饼的圆盘上，这就是银盘。它的直径约为 80 000 光年，中间部分厚度大约为 6000 光年，太阳附近银盘的厚度大约为 3000 光年。银盘主要是由 4 条巨大的旋臂环绕组成，包含众多的蓝色恒星。太阳位于人马座臂和英仙座臂之间的猎户座臂上，距离银心 28 000 光年。旋臂的形成与银河系创生时期星系核的活动有关。

银心：是星系中心凸出的部分很亮，呈球状，直径约为 20 000 光年，厚约 10 000 光年。这个区域由高密度的恒星组成，主要是年龄大约在 100 亿年以上的老年的红色恒星。很多证据表明，在中心区域存在着一个巨大的黑洞，星系核的活动十分剧烈。

银晕：银河晕轮弥散在银盘周围的一个球形区域内，银晕直径约为 9.8 万光年。这里恒星的密度很小，分布着一些由老年恒星组成的球状星团。有人认为，在银晕外面还存在着一个巨大的呈球状的射电辐射区，称为银冕，银冕至少延伸到距银心 32 万光年的远处。

银河系中所有的恒星和星团都在绕银河系的中心旋转，这与太阳系中所有的行星都在绕太阳旋转很相像。太阳大约每 2.5 亿年绕银河系中心运动一圈。在银河系中，几乎所有明亮的恒星绕转的方向都是相同的，正是因为这样，整个巨大的银河系系统看上去好像在绕着它的中心旋转。银河系如不自转，所有的恒星和气体将都会落到银河系的中心。在银河系转动的过程中，赤道处的引力和惯性力最早达到平衡，所以赤道附近的物质最先停止收缩，而其他部分的物质则仍继续收缩，所以形成一个转动的圆盘。

银河系扁盘状的外表，也显示着它在自转。

银河系具有旋臂结构。星系的旋臂结构，最早是从观测旋涡星系 M51 时发现的。不久，天文学家猜测银河系也许有漩涡结构。1938 年，荷兰天文学家奥尔特研究银河系内的恒星分布时，发现在银心方向和反银心方向各有一个恒星密集区域，于是提出了银河系具有漩涡结构，太阳位于两条旋臂之间（图 157）。直到 1951 年，这一猜想才得到观测上的证实。

图 157   图 158

银河系中的气体和尘埃组成的星云阻挡了我们，使我们不能更深入地观察银河系的中心部分（图 158）。但是，无线电波和红外线能够穿透云层，天文学家们通过对无线电波和红外线的研究发现，银河系的中心释放出巨大的能量。研究表明，在银河系的中心有着巨大的引力场。一些天文学家认为，在银河系的中心存在一个巨大的黑洞，它的引力非常强大，以致于连光都不能从中逃脱出来。他们认为，当气体和其他物质被吸入黑洞时，释放出了巨大的能量。

小行星

小行星伊卡鲁斯

"1965 年 6 月 15 日，一个星球将与地球相撞！"这耸人听闻的预报在澳大利亚、美国和前苏联的学者之间引起了一场大争论。做出这一预言的是澳大利亚悉尼大学的巴特拉教授，他在一篇科学论文中写道："这是一颗直径 1 千米，质量为 20 亿吨的星球，只要它稍许偏离原有的运行轨道，就可能进入与地球相碰撞的路线。如果发生这类事件，那么任何大城市都会被撞得粉碎。"

对此预言立即做出响应的美国的科学家，加利福尼亚大学的理查德逊博士支持巴特拉教授的观点，他说："尽管不能说这颗星球一定会与地球相碰撞，但发生这种事情的可能性很大。"

伊卡鲁斯是希腊神话故事中的一位英雄少年。他和父亲代达罗斯被米诺斯国王囚在克里特岛上，为国王建造富丽堂皇的迷宫，他们不仅辛苦，而且没有自由。为了逃出"牢笼"，父子二人用蜡做了两对大翅膀，想借此远走高飞。一次，趁看管人员不留神的机会，他们悄悄地将翅膀粘在自己的两臂上起飞了。父亲富于经验，叮嘱儿千万不要太接近太阳，但伊卡鲁斯一来由于兴奋，二来由于迷恋于太空的魅力，他不断地高飞，终于因为飞近太阳，蜡做的翅膀被火热的太阳光熔化了，伊卡鲁斯坠入大海被活活淹死。

图 159

正如希腊英雄少年飞得太靠近太阳那样，小行星伊卡鲁斯最接近太阳时，只距离太阳 2700 万千米，这已经深入到了水星运行轨道的内侧，差不多是水星距离太阳的一半。在太阳系九大行星中最靠近太阳的是水星，但是水星与小行星伊卡鲁斯相比，那么水星就大为逊色了（图 159）。

伊卡鲁斯最接近太阳时，表面温度高达 500℃以上，但并不会熔化，其后它逐渐远离太阳，横越金星、地球的运行轨道，飞到火星轨道外侧，到达距离太阳 29 000 万千米的远方。

伊卡鲁斯围绕太阳运行一周需要 409 天，地球围绕太阳运转一周是一年，所以，每 19 年这两颗星就相会一次（图 160）。也只有在这个时候，伊卡鲁斯容易被观测到。1949 年，伊卡鲁斯飞近我们地球时，被发现了。1968 年它又与地球相会，这次它接近到距离地球 600 万千米的地方。

图 160

600 万千米！它是月地距离的 16 倍，一般人或许感到很远，但在天文学家的眼里却是近在咫尺了。而且伊卡鲁斯在靠近太阳之前先接近水星，受到水星引力的作用，运行轨道或多或少总会有些变化，所以也许不只是 600 万千米呢！难怪巴特拉教授会产生某种担心了！

伊卡鲁斯以 9 千米/秒的迅猛速度接近我们的地球，如果轨道发生偏离与地球相撞，那将是非常可怕的事情。

如果伊卡鲁斯与地球相撞，在地面上将造成直径为 1000 千米以上的巨大坑穴。这个面积大约相当于北京市面积（17 800 平方千米）的 44 倍，即 783 200 平方千米。在这个范围内所有的生物、建筑物，都会在一瞬间消失得踪迹全无。坑穴周围刮起狂风，发生空前规模的大地震，大地震所涉及范围之大可想而知了。

即使伊卡鲁斯不坠落在陆地，而是坠落在汪洋大海之中，比如大西洋吧，那么它所造成的危害也相当可观：由此所产生的海浪将高达 600 米，大西洋两岸的南北美洲大陆和欧洲，都将受到巨浪的冲击，数千个城市和

揭开宇宙的秘密

图 161

村镇都会被淹没。

即使伊卡鲁斯倾斜地飞过地面，那么由于碰撞所产生的冲击波，可以将大树推倒，把房屋震塌，把人和汽车吹到半空中，犹如大地震和龙卷风所造成的惨景一般（图 161）。

再进一步设想：伊卡鲁斯的坠落造成的爆发性冲击波传入地幔，刺激火山活动，引起一系列火山爆发，那势必酿成世界性的大灾害。

人们密切地关注着伊卡鲁斯的动向。世界各主要天文台都把望远镜对准伊卡鲁斯。1968 年 6 月 15 日这一天终于到了。伊卡鲁斯从距离我们人类的故乡——地球 630 万千米的空间飞奔而过，地球避免了一场灾难，巴特拉教授的警告成了"一纸空文"。

那么，巴特拉教授是不是"杞人忧天"呢？不是的。这不仅是因为小行星为数众多，而且表现奇异者也为数不少呢！因此，不能保证以后不再出现伊卡鲁斯这样接近地球的天体，从宇宙的规模来看，发生这种偶然事件是完全可能的，实际上过去已经发生过多次了。

其他行星

德国西柏林天文台台长波德仔细研究了已经发现的几颗行星的位置关系，发现火星和木星环绕太阳运行的轨道之间的空间过大，认定中间必定有一颗未被发现的大行星（图 162）。他组织了 24 位天文学家，成立了一个行星搜索学会，他们分工负责作系统的搜查，这个工作还没有取得什么成果，就从意大利西西里岛传来了令人兴奋的消息。

1801 年元旦之夜，意大利西西里岛天文台皮亚齐在对金牛座作通常巡天观测时，发现了一颗从来没有看到

图 162

过的星星。第二天，1月2日这颗星已经逆行了4分，沿着这个方向一直逆行到12日才停止，又改为顺行。这究竟是一颗什么星呢？皮亚齐和当年发现大王星的赫歇耳一样，认为是一颗彗星，并立即将这一发现写信告诉波德。

当时还没有发明电报，信件只能用邮政马车传递，当信寄到波德手里的时候，已经是3月20日了。波德认为这就是他寻觅已久的那颗行星，于是他立即着手观测，遗憾的是此时那颗星已经淹没在太阳的光辉之中观测不到了。

"山穷水尽疑无路，柳暗花明又一村"。德国大数学家高斯，发明了只用3次观测数据就可以定出椭圆轨道的方法，从而算出了这颗行星的运行轨道。1801年12月31日，人们在高斯预报的方位又重新找到了这颗星。这样，第一颗小行星终于被人们发现了。它被命名为色列斯，即谷神星。

谷神星直径是700多千米，只有地球直径的1/16，与其他行星相比，确实太小了，简直不像人们期待已久的行星。所以，上述的24位天文学家继续搜索。1802年3月，德国医生、天文爱好者奥伯斯发现了第二颗小行星智神星（她是希腊神话中的智慧女神）。1804年，德国天文学家哈丁顿发现了第三颗小行星婚神星（图163）。1807年，奥伯斯又发现了第四

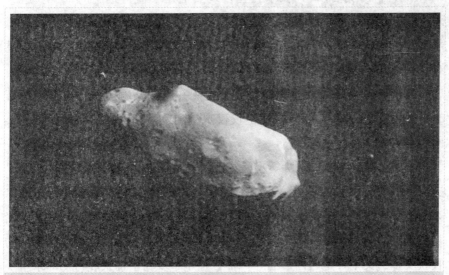

图 163

图 164

颗小行星灶神星。在这以后的 30 多年中没有什么建树，到了 1845 年，柏林邮电局局长、天文爱好者亨克发现了第五颗——义神星。至此，人们才恍然大悟，原来小行星不是一二颗，而是很多很多，它们大多数都分布在火星和木星的轨道之间，于是人们把这个区域叫做小行星带（图 164）。

1891 年 12 月 20 日，在小行星发现史上是个值得纪念的日子。这一天，德国海德堡大学的马克斯·沃尔夫教授首先用天文照相的方法发现了第 323 号小行星布鲁西亚。照相术广泛应用之后，大大加快了发现小行星的速度。沃尔夫教授本人就发现了 225 颗！

截至 1981 年 6 月 1 日，作过充分观测并已经算出运行轨道正式编号的小行星达 2395 颗。如果再加上仅仅观测到还没有计算出运行轨道的，那就更多了。

前面已经提到第一颗小行星是皮亚齐发现的。皮亚齐为了取悦他的保护人那不勒斯和西西里国五弗迪南三世，提议把他发现的这颗小行星命名为迪南蒂亚，这一提议被其他天文学家们拒绝了。按照给大行星用神的名字命名的惯例，这颗星被命名为色列斯，中译为谷神星。色列斯是罗马的收获女神，又正好是西西里的守护神，她还是罗马主神朱庇特（即木星）

的姐妹，这个名字真是再恰当不过了。

万事开头难。当奥伯斯发现第二颗小行星时，就不必为起名烦恼了，它被命名为帕拉斯，中名译作智神星。这位女神就是希腊神话中大名鼎鼎的帕拉斯·雅典娜，她诞生于主神宙斯头颅之中，是智慧女神，又是女战神。

第三颗用神后朱诺命名，中名译作婚神星。第四颗维斯太，中名译作灶神星。

这样就建立了以希腊罗马神话人物（限于女性）来命名小行星的习惯。对于 19 世纪的天文学家来说，要从荷马、维吉尔和奥维特等人的诗作中找几个名字，不过是信手拈来。

这里不妨提一下第 12 号小行星命名的一件轶事。它叫维多利亚，是1850 年英国天文学家海恩德发现的，他提出维多利亚这个名字，显然是为了讨好英国女王。不料这大大激怒了大西洋彼岸的美国同行，他们认为，人，即使是君王，也不能随便升入天界，

图 165

他们大肆抨击海恩德的命名弄得不可开交，直到找到一个也叫维多利亚的小神祇（罗马胜利女神），这场风波才算平息（图 165）。

当小行星发现的越来越多的时候，神话中的名字就"供不应求"了。好在神仙都分身有术，于是智神星实际上就有了三个，除 2 号帕拉斯之外，还有 93 号密那发（罗马名）和 881 号雅典娜。

在神话名字还没有用完之前，就有人用城市的名字称呼小行星了。最早的是马赛，用来命名第 20 名小行星马赛利亚，紧接着是第 21 号留提西亚，这是巴黎的古名（图 166）。到后来，罗马、莫斯科、芝加哥、北京、上海……一个个城市都上了"天"。

前面说过，19 世纪天文学家们曾坚决反对人名上"天"，但是后来他们都后退了。许多名人纷纷被人们"捧上了天"。这样，我们又可以目睹许多

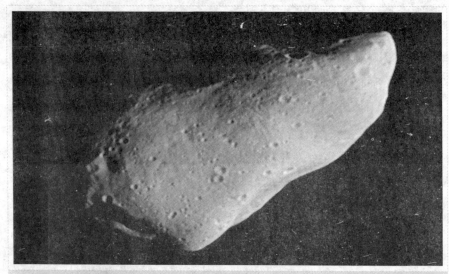

图 166

科学家的风采了，像第 662 号牛顿（英国物理学家、天文学家、数学家，生于 1662 年 12 月 25 日，卒于 1727 年 3 月 20 日）、第 697 号伽利略（意大利物理学家、天文学家，生于 1564 年 2 月 15 日，卒于 1642 年 1 月 8 日）、第 855 号纽康（美国天文学家，1835 年 3 月 12 日生于加拿大，1853 年迁居美国，1909 年 7 月 11 日卒于华盛顿）、第 998 号波德（德国天文学家，生于 1747 年，卒于 1826 年）、第 1001 号高斯（德国数学家、天文学家和物理学理学家，1777 年 4 月 30 日生于伦瑞克，1855 年 2 月 23 日卒于阿根廷）、第 1134 号开普勒（德国天文学家，1571 年 12 月 27 日生于符腾堡，1630 年 11 月 15 日卒于雷根斯堡）、第 2001 号爱因斯坦（划时代的大科学家，现代物理学的开创者和奠基人。1879 年 3 月 14 日生于德国乌尔姆镇，在瑞士度过青年时代，1914 年被邀回到德国。1940 年入美籍。1955 年 4 月 18 日卒于普林斯顿）等等。

读者或许会问，我们中国人有没有发现小行星呢？回答是有的。第 21125 号 "中华" 是我们中国人发现的第一颗，它是紫金山天文台台长张钰哲先生于 1928 年在美国发现的。不过，第一颗中国人命名的小行星却不是中华号，而是第 139 号 "九华"，它是美国天文学家华生于 1874 年 10 月 10 日在中国发现的，他请求清王朝赐给它一个名字。后来，华生又将自己发现的第 150

号小行星起名为女娲（即传说中女娲补天的那位神话人物），以表达他对中国的热爱。顺便指出，用中国神话中的人物命名的小星只有这一颗。

图 167

在 2300 多颗编号的小行星中，有 5 位中国古代科学家的名字，即第 1802 号东汉天文学家张衡；第 1888 号南北朝时代的数学家、天文学家祖冲之（图 167）；第 1972 号唐代天文学家、佛学家一行；第 2012 号元代天文学家、数学家、水利专家和仪器制造家郭守敬；第 2027 号北宋科学家沈括。此外，还有 3 位很知名的中国天文学家，这就是第 2051 号张（中华号的发现者张钰哲先生）；第 2240 号蔡（过去 30 多年从事行星和变星观测的台北天文台台长蔡章献先生）；第 1881 号邵（多年来在美国从事小行星和彗星观测的邵正元博士）。

顾名思义，小行星是体积比较小的行星。最大的小行星是谷神星，它的角直径也只有十分之几角秒，因而用一般的测角方法不能确定大多数小行星的直径，用这种方法确定了 4 颗较大的小行星，近年来用辐射测量和偏振测量方法，定出了近 200 颗小行星的直径。据估计，小行星的总数要在几十万颗以上，但它们的总质量只有 2.1×1^{24} 克，大约为地球质量的万分之四。

为了形象介绍，不妨将几个主要小行星和我们熟悉的月球作一番比较。

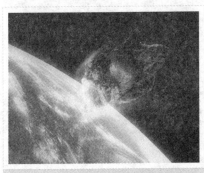

图 168

谈到星球，人们自然会想到球形，然而小行星可不是那么规则的，观测表明，谷神星和灶神星可能是球形的，其余大多数小行星的形状是五花八门、没有规则的。例如第 1620 号是长条形的，长是宽的 4 倍～5 倍（图 168）。第 433 号爱神星是轴体，三轴的长度分别是 36、15、13 千米。小行星除了形状奇特不一之外，它们表面的反光能力也参差不齐，这说明它们的组成物质是不同的，大体说来可以分为反光能力大的石质小行星和反光能力小的碳质小行星两大类。

　　大行星大多有卫星，这是人所共知的事情，但是谁能想到比大行星小得多的小行星居然也有卫星呢！这实在令人惊异。首先发现小行星有卫星的是美国天文学家麦克马洪。1978 年 12 月 11 日，第 18 号小行星梅菠蔓（直径 135 千米）遮掩恒星时，也发现它有卫星，命名为 1978（18）1，直径为 37 千米。此外，对第 6 号、9 号、129 号小行星的掩星观测表明，它们也可能有自己的卫星陪伴。看来，小行星有自己的卫星还不是稀奇的现象呢！

Part 3
怎样测星星间的距离

      随着人类对星体的研究的深入，有些科学家开始致力于研究测两个星体之间的距离，这听上去好像是荒谬至极，然而人类的才智是不可估量的，经过多年的研究，人类已经掌握了多种测量星体之间距离的方法，其中最常用的是：三角视差测定法、"依巴谷"卫星测量法和超新星测量河外星系的方法。

三角视差测定法

在公元前 2 世纪,古希腊的天文学家已经在尝试测量太阳和月亮距离、地球的距离。这与古希腊三角学的发达是分不开的。三角学的创始人、古希腊(图 169)天文学家依巴谷通过从两地观测同一次日食,算出月地距离为地球半径的 59 至 67 倍(现代测定的准确值为 60 倍,即 38 万 4000 千米)。

图 169

依巴谷是怎样把月地距离测得这样准的呢?原来,从地球上不同地点,在同一时刻看月亮和太阳,由于月亮近、太阳远,两者的夹角是不一样的(图 170)。这就好比我们在上海这样的大城市里,看一近一远两幢高楼,从不同的地方看这两幢高楼,夹角也是不一样的。于是,你只要测出夹角的变化,以及两个观测点之间的直线距离,就可以算出较近的这幢高楼距离我们是多远。这是一个三角学的问题,只要念过高中都应该会解的。

在天文学中，把这种测定天体距离的方法叫做三角视差法。

用三角视差法测定天体距离，对于离地球较近的太阳系天体，可以取地球上的两个不同地点；然而要测定恒星离开我们的距离，因为它们离得非常远，视差角（也就是从这两个地点看同一颗星星的夹角）非常小，即使用现代仪器也难以测出来。

图170

于是，天文学家想到了地球在绕太阳转动，如果我们相隔半年观测同一颗恒星，不就是在地球轨道直径的两端进行观测吗？地球轨道直径是日地平均距离 1.5 亿千米的两倍，是地球直径的 23 万多倍，这样总可以测出恒星的视差角了吧！

17 世纪天文望远镜的发明，使得天文学家能够更准确地测定天体的位置。可是，恒星三角视差的测定却直到 1837 年才由俄罗斯天文学家斯特鲁维首先取得成功。他测出织女星的三角视差等于 0.125 角秒（1 角秒等于 1 度角的 36 000 分之一）。简单的三角计算就可以得出，这个三角视差值对应的距离约等于 26 光年（即约 260 万亿千米；1 光年是光在一年之中所走过的距离，约等于 10 万亿千米）。次年，德国天文学家贝塞尔也发表了他对另一颗恒星三角视差测定的结果，为 0.31 角秒（对应的距离约等于 10 光年）。这时天文学家才明白，恒星比他们原来想象的还要远得多。

"依巴谷"卫星测量法

在斯特鲁维首次成功测定恒星三角视差之后 30 余年，天文学家开始用照相方法来做这项工作。但是即使采用照相方法，测定恒星三角视差仍

图 171

然是非常艰苦的工作。

为了测定一颗恒星的三角视差，要用长焦距的折射望远镜（这种天文望远镜在当时能比反射望远镜更准确地测定恒星的位置），每隔大致半年，拍它测定的恒星三角视差，精确到 1 毫角秒。这就是说，如果一颗恒星离开我们 3262 光年（图 171），它的三角视差应该是 1 毫角秒，可是我们根据"依巴谷"卫星的观测数据得到的它的三角视差数值有 32% 的可能大于 2 毫角秒（对应的距离小于 1631 光年）或者小于零（这样的数值是没有物理意义的，与无穷远没有差别）。

一般地说，如果一颗恒星的三角视差测定值不能精确到这个数值的 15% 之内，就被认为很不准确了。对于"依巴谷"卫星，这一距离为 500 光年，在银河系中只是太阳附近很小的一个区域。欧洲天文学家正计划在本世纪的第二个十年初再发射一颗本领比"依巴谷"更大的名为"盖亚"（GALA）的卫星（盖亚是希腊神话中的大地女神），将能测定 5000 万颗恒星三角视差，精

图 172

确到 0.01 毫角秒，相应的距离范围为 5 万光年，就可以把银河系大半包括在内了（图 172）。

可是，即使把整体银河系包括在内，问题也没有彻底解决啊！宇宙中还有很多河外星系（即银河系以外的星系），最远的可以远到 140 亿光年，它们的距离怎样来测量呢？

我们暂时把这个问题搁在一边，先来看另一个问题：恒星的亮和暗，与距离有什么关系？

很明显，如果每颗恒星发出的光都与太阳一样强，那么恒星离得越远，我们看上去亮度就越暗。恒星的距离远一倍，亮度就暗到原来的四分之一，

星等则增加 1.5 等。

可是，事实上恒星的发光本领相差非常大。有的恒星发出的光，比太阳强 100 万倍以上；也有的恒星发出的光，强度不到太阳的百万分之一。这就是说，我们看上去暗的恒星，不一定离得远；反过来，看上去亮的恒星，也不一定离得很近。

恒星的发光本领，也就是在单位时间内它发出的总光量，称为光度。恒星的光度用太阳光度的倍数来表示，但是天文学家为了方便，定义了一个所谓绝对星等，来表示恒星的光度。这个绝对星等，是假定把所有的恒星都移到离开我们 32.6 光年远的地方，我们看到的它们的星等。我们在地球上实际看到的星等，就称为视星等。

因此，一颗恒星，它的视星等亮，这只是我们在地球上看起来亮，它发出的光不一定真强，而如果一颗恒星绝对星等亮，那才是它发出的光真正地强

图 173

（图 173）。比如说，太阳的视星等是 26.7 等，绝对星等是 4.85 等；织女

图 174

星的视星等是 0.03 等，绝对星等是 0.6 等；离我们太阳系最近的比邻星的视星等是 11 等，绝对星等 15.5 等。因此，织女星发出的光，实际上比太阳强 50 倍；而比邻星发出的光，实际上只有太阳的两万分之一。北极星的视星等是 2.0 等，看上去比织女星暗，可是绝对星等是 −3.4 等；比织女星亮得多，发出的

光比太阳强 2000 倍（图 174）。

用超新星测定河外星系距离

早在古代，人们已经注意到，有的恒星亮度会发生变化。例如在我国，公元前 1300 年左右（商代）的甲骨文中就有关于新星（或超新星）出现的记录。

天文学所说的新星，实际上不是新生的恒星。这些恒星本来就存在，只是很暗，不能用肉眼看到，然而在几天甚至不到一天的时间之内，突然变亮，星等最多可增亮 14 等（亮度升高 40 万倍），从而变得肉眼也能看见。

超新星增亮的幅度比新星还大。例如在 1054 年（我国宋代），许多古籍里记载了有一颗超新星出现，甚至白天也能看到。

新星和超新星出现以后，亮度逐渐变暗，一般经过几个月甚至几年，才又变得肉眼所不能见。现在已经知道，新星和超新星的出现是恒星的一种爆发现象（所以天文学家称它们为爆发变星）。特别是超新星，是恒星死亡时出现的一种现象，爆发抛出的大量气体会形成一个膨胀气壳，称为超新星遗迹。例如上面提到的 1054 年爆发的那颗超新星，后来就形成了一个名为蟹状星云的超新星遗迹。

亮度变化的恒星，除了像新星、超新星这样剧烈变化的爆发变星以外，还有更多的是变化幅度小得多的脉动变星。这种脉动变星，是由于恒星的体积交替地膨胀和收缩，使得光度随之变化。

脉动变星有很多不同的类型，其中有一类，以一颗叫做造父的恒星为代表，并因此叫做造父变星。这类变星光变非常有规律，有恒定的周期，亮度变化的幅度也是恒定的，一般在 1 个星等左右。

1908 年，美国哈佛大学天文台的女天文学家勒维特（Herietta Swan Leavitt）在小麦哲伦云（一个很靠近银河系的小星系）的底片上，发现了

图 175　　　　　　　　　　　　　　　　图 176

16 颗造父变星，它们的光变周期从 1.25 天到 127 天不等，可是勒维特注意到，在这些造父变星（图 175）中，光变周期越长，亮度越亮。在以周期的对数为横坐标、绝对星等为纵坐标的图上把造父变星点上去，它们分布在一条直线附近。这就是造父变星的周（期）光（度）关系。

造父变星的绝对星等很亮（大致为 –2 等到 –6 等），在许多较近的河外星系（图 176）中都可以观测到，因此，造父变星的周光关系很快就被用来测定这些星系的距离。这种测定星系距离的方法称为造父视差法。

宇宙距离尺度的最终解决

在用造父视差法测定星系距离时，天文学家很快就碰到了一个棘手的问题，就是怎样准确确定造父变星周光关系的零点问题。这里所谓的"零点"，就是指造父变星的距离模数。比如说，如果直接利用勒维特发现的小麦哲伦云中的造父变星，那就要准确知道小麦哲伦云离开我们的距离。可是，小麦哲伦云的准确距离正是我们想用这些造父变星来测定的，所以很清楚，我们只能利用银河系内已经准确知道距离的那些造父变星，来确

定它们的周光关系零点。

可是，银河系中的造父变星离开我们都比较远。直到"依巴谷"卫星的测定结果发表以前，我们都没有办法直接测定它们的三角视差。赫罗图发明以后，天文学家试图用它来确定造父变星的绝对星等，可是这里面又遇到了一个棘手的问题，就是银河系中弥漫于恒星际空间的气体（简称为星际气体）对光的吸收。对于较近的天体，这种对光的吸收作用可以忽略不计，可是对于较远的造父变星，会使造父变星的视星等明显变暗，从而使它们的距离模数变大，也就是说定出的距离将比实际距离远。

天文学家对星际气体对光的吸收作了许多研究，可是很难得到非常准确的结果。他们用这些不那么准确的结果来对造父变星的绝对星等作改正，就把误差带进了造父变星的周光关系零点之中。这个问题现在已经被"依巴谷"卫星基本上解决了。在"依巴谷"卫星测定的恒星三角视差中，包含了220颗造父变星，其中26颗的数据相当准确。根据这些数据，原来依据造父变星建立起来的宇宙距离尺度扩大了约10%。

图 177

不过这还不是问题的最终解决，因为依据的造父变星数量还很有限。这个问题的最终解决，还有待于未来"盖亚"卫星的观测成果（图177）。

Part 4
天文知识的应用

　　天文学的起源可以追溯到人类文化的萌芽时代。远古时代，人们为了指示方向、确定时间和季节，而对太阳、月亮和星星进行观察，确定它们的位置、找出它们变化的规律，并据此编制历法。从这一点上来说，天文学是最古老的自然科学学科之一。

揭开宇宙的秘密

天文与航海事业

船舶需要导航

船舶天文导航也叫做天文航海，它的主要任务是利用太阳、月亮和星星来测定船舶在海上的位置（图178）。

图178

在茫茫大海上航行的船舶，是要经常测定船位的。航船好比行军，为了要到达行军的目的地，首先要知道我们现在的位置，才能确定前进的方向和路线。同样的道理，船舶在海上，为了要航行到预定的目的地，也必须知道航船当时的所在位置，才能确定正确的航线。

在海上因为有风浪和水流的影响，常常会使船只在航线上发生偏差，另外，海面下又可能有暗礁和各种障碍物，所以船舶驾驶员必须经常地测定航船的船位。根据测到的船位分析所处环境是不是安全，是不是偏离了预定的航线，必要的时候修正航向，才能保证船舶安全准确地到达目的地。

对于在海上生产的渔轮来说，测定船位还有一种专门的用途。渔轮在海上随着鱼群的活动，不但经常要从一个渔区转移到另一个渔区，还要记录下生产的地点、时间、水文气象和鱼获量等资料，作为以后分析资源、探索鱼群和进行生产的依据。如果渔轮没有准确的船位，它所提供的渔情资料也就没有什么参考价值了。所以，测定船位是驾驶员十分重要的一项工作内容。

　　船舶在近海岸航行的时候测定船位，可以利用沿岸的山头、岛屿等目标。当船舶远离了海岸，岸上的目标看不见了，茫茫大海，一望无际，这时候要测定船位就只有利用无线电和天文的方法。无线电的方法在使用上比较简单，不受天气的影响，但是需要依赖导航的设施，容易受到干扰和破坏。天文导航的方法比较麻烦，并且要受天气的影响，但是设备简单，不受外界人工设施的限制，两种方法并存，可以互相弥补不足，取长补短。所以，一个船舶驾驶员既要熟练掌握无线电导航技术，也要熟练掌握天文的导航技术（图179）。

图 179

　　我国是航海事业发达很早的国家，天文导航技术在我国有悠久的历史。根据史料记载，我国劳动人民很早就会应用天文方法来导航了。早在1600年以前，东晋法显和尚在他所著的《佛国记》中就记录了在公元411年到414年间，由印度海回国途中，我国船队应用天文导航的情况，他写道："船航于海上，大海弥漫无边，不识东西，唯望日月星宿而进"。

　　北宋人朱或所著的《萍洲可谈》里，也记录着当时的船舶驾驶员在海上驾驶船舶的方法是"夜则观星，昼则观日（图180）"。15世纪初，郑和率领当时世界上最大的船队七下西洋的时候，利用星星来导航的情况在

图 180

明史中有比较详细的记载，说明我国当时的天文导航技术已有相当的水平。

从世界范围来说，天文导航技术随着生产和远洋航海事业的发展而不断地得到革新，到 18 世纪中期，先后制成了比较准确的测角仪器六分仪和计时仪器天文钟以后，船舶的天文定位方法获得了很大改进。

船舶定位方法

下面就来谈谈现代船舶是怎样利用天文方法来测定船位的。

大家知道，如果在陆地上，我们用仪器测量附近一根电灯杆从地平面到杆顶的夹角，按照所测到的这个角大小，就可以换算出我们同电灯杆的距离。在地面上如果以电灯杆为中心，以求得的距离为半径画一个圆，我们的位置就必定是在这个圆的某一点上。这个圆在航海上叫做船位圆。

如果同时观测到两个目标的距离，作出两个船位圆，由于我们的船位将同时处在这两个圆上，所以这两个圆相交的一个交点，就是我们船的位置。同样的道理也可以用在天上的目标，例如用太阳来测定船位，假如我们把太阳和地球中心用一根直线联接起来，这根直线同地面的交点叫做太阳在地球上的投影点，从投影点到太阳的直线也可以比作是一根很长很长的电灯杆。

如果我们用仪器测量出水面到太阳之间的夹角，经过换算就可求得从太阳投影点和我们之间的距离。因此，在地球上以太阳投影点为中心，以测量到的距离为半径划一个圆，我们的船位就一定在这个圆的某一点上，这个圆就叫做天文船位圆，如果同时测量两个目标，划出两个天文船位圆，它们相交的交点，

图 181

就是船位了。这是天文导航测定船位的基本原理（图 181）。

在实际工作中，根据天上目标同地面目标的不同特点，必须进行一些具体的处理。首先，因为太阳和地面上固定的目标不同，太阳每天东升西落，它的位置时刻在变动着，在不同的时间里观测，太阳投影点即船位圆中心的位置也就不相同，所以，在测定船位的时候还必须根据观测的世界时间，也就是格林威治时间，从天文台和国家航海部门每年编印出版的航海天文历书中查算出当时太阳的位置。第二，因为天文观测得到的距离比观测地面目标所得到的要大得多，通常都有几千海里，也就是船位圆的半径有几千海里，好比我们的船在东海航行，而太阳投影点可能在印度洋，

因此，必须用几千海里的半径把船位圆弧从印度洋划到我国的东海上，这实际上是很困难的，即使能划出来，误差也会过大，不能满足航海定位的需要（图 182）。

图 182

为了解决这一问题，人们采取了另外的方法：比方一只船在东海上航行，我们就在东海海区内先任意选定一点来作为基准点，然后计算出这个基准点和太阳投影点之间的距离，假如是 3000 海里，而按照前面说的用仪器测量到航船同太阳投影点的实际距离假定为 3010 海里，两者相差为 10 海里，这说明从所选择的基准点到船位圆的距离就是 10 海里。

因此，只要从基准点根据 10 海里的距离和太阳投影点的方向就能把天文船位圆的一段圆弧划出来，这一小段圆弧就叫做天文船位线。航船的位置，就在这条船位线的某一点上。如果同时求得两条天文船位线，它们的交点也就是船位了。这就是现代船舶天文定位所通用的原理和方法。

根据上面说的方法测算一个船位，一般需要使用三四本表册，查表二十来次，还要抄录和运算成百个数据，是比较麻烦和费时间的。前几年，大连水产学院海洋渔业系的科研人员，从实际出发，在前人经验的基础上，研究制定出《中国海区简易天文定位法》，它主要是根据天文定位的有关

原理和太阳、星星的运行规律，结合我国海区的地理条件，编制出一套专供定船位使用的《中国太阳船位线表》和《中国恒星船位线表》。在测定船位的时候，只要根据日期和观测的北京时间，从新编的《船位线表》中直接查取表列数据，然后根据实际测量的数值和表列数值的差数，就可以划出船位线。

用这个方法来测定船位，不需要计算太阳投影点的位置，不需要计算基准点和投影点之间的距离，工作量大约只有原来的 1/5 到 1/4。它也不需要查看航海天文历等每年更换的表册，而是一本表可以用很多年。这方法比较显明简易，不涉及较复杂的天文学概念，只要有初小文化程度的船员就能学会和掌握它。经理论分析和近 3000 次的实际检验表明，新方法

图 183

的误差比原来方法的还小。所以，它和原来方法比较，具有快速简便，易学易懂，精确度较高和一本表可多年使用等优点。

天文定位的一个主要缺点和困难（图 183）是它的步骤繁琐，计算复杂，测算一个船位花费的时间太长，所以过去在渔轮中很难普及使用。现在这个新方法，主要是将结果数据表册化，省略了在海上定位时的大量运算工作。这一新方法不仅对我国渔轮适用，还对在我国及邻近海区活动的其它船只也是适用的（图 184）。

自从电子计算机问世以来，世界船舶天文导航技术已出现了新变化。测定天文船位的十分繁复的查表运算工作可由电子计算机来完成。因为天文定位的计算步骤比较复杂，如果用通用计算机根据航海天文历和有关数据来分步计算，它并不比目前使用的查表计算方法简便和节省时间。

图 184

所以，最近世界上有的国家如日本、美国、德国等已开始采用天文导航专用计算机，它们同样是根据上述天文定位的基本原理、基准点和投影点的球面距离、船位线及其交点等方面的计算，最后显示出所测到的船位的经度和纬度。当前国外几种型号的天文导航专用计算机在使用上的繁简程度也不尽相同，但将来必然是向更简化的方向发展。目前，我国有关部门亦已把天文导航计算机列入研制计划，到将来专用计算机能在渔轮上普及的时候，我国渔轮的天文导航工作就可以使用专用计算机了。

天文历法

古今中外历法的名目甚多，大体上可以归纳为三种：阳历、阴历和阴阳历。

阳历

尼罗河是埃及的母亲河，是埃及文明的发源地，早在公元前 4000 年，古埃及人为了农业生产活动的需要，观察天狼星在清晨，出现在东方地平线上的时候（也就是与太阳差不多同时升起），就预示着尼罗河将要泛滥。古埃及人把这一天定为一年的第一天。从而古埃及人创造了人类最早的太阳历，定一年为 365 天。这说明古埃及人对天象和物候早已进行了大量地、准确地观察才得出这个结论。我们现在称为白羊星座和狮子星座的星座名称，就是从古埃及开始的（图 185）。

巴比伦人对星空观察得非常详细，并在泥板上作了记录。现在沿用的黄

图 185

揭开宇宙的秘密

道 12 个星座名称都是公元前 2000 多年，主要由古埃及和巴比伦人起的。他们还将 1 天分成 12 个小时，1 小时为 60 分钟，1 分钟为 60 秒，将一周天分为 360 度。星期的概念也是巴比伦人首先使用的。

印度的天文学起源也很早。他们很早就创立并使用了阴阳历的历法。为了研究太阳和月亮在天空中的运动，他们将黄道附近的天区分成 27 等份，叫 27 宿。

人人都离不开天文历法（图 186）。

图 186

天文历法中，日、月、年的概念和整个人类文明社会紧密地联系在一起。历法就是根据地球自转、地球绕太阳公转和月球绕地球运动等天文现象变化的规律，安排日、月、年和节气的法则。这些法则的根本问题是要符合天象，符合人们的生活习惯。因此，我们说天文历法是严格的。

历法的渊源可以追溯到人类的早期历史。我们祖先早在新石器时代，已能根据正午太阳高度的变化，测出一年的长度，并逐渐认识到太阳在众恒星背景中也是周而复始、万古奔波的。这就是天文历法的渊源。我国古籍《尚书·尧典》中就有关于夏代以前，帝尧的天文官用星象定四季的记载。其中载有："日中星鸟，以殷仲春"；"日永星火，以正仲夏"；"宵中星虚，以殷仲秋"；"日短星昴，以正仲冬"。意思就是说，当人们在黄昏时的南方天空看到"鸟"、"火"、"虚"、"昴"这些星时，正是春季、夏季、秋季和冬季的中间月份。《尚书·尧典》还有："期三百有六旬有六日"。意思就是一年有 366 天。可见，我国远在 4000 年前就已有了如此精确的历法常识。

日、月、年是历法中的三个计量单位，也是代表三种天文现象的特征。日复一日，月月一样，年年如此。日，这是历法中最基本的单位，以地球自转形成昼夜交替为依据。一般以太阳、恒星或天球上某一假想点作为计量天球周日视运动的起算点。因此，在天文学中就有不同"日"的单位。如恒星日、真太阳日和平太阳日。
一般说来，月作为历法计量单位，可
以分两种情况。一种是像公历那样，
将历年长度人为地分为 12 个时段，
即是 12 个月。月的长度分为 28（或
者 29）、30、31 个平太阳日。另一种
是以月亮绕地球运动为基础的时间计
量单位，在历法中用的是朔望月，也
就是月亮圆缺的变化周期。这个周期

图 187

平均长为 29.53059 日，也就是 29 日 12 时 44 分 3 秒。年是历法中最重要
的时间单位。天文学中的年也有好多种，历法用的是回归年。它以地球绕
太阳运动的周期为计量单位的基础。回归年的平均长为 365.2422 个平太阳
日，也就是 365 日 5 时 48 分 46 秒。由此可见，朔望月和回归年虽然都是
制历的基础，而实际生活又不能完全按朔望月和回归年的长度安排日（图
187）。因为它们都不是日的整数倍。调解这种关系是制历的任务。

阴历

阴历，它的特点是月的平均日数要以朔望月为基础，也就是要符合月
相的变化（图 188）。一年为 12 个月，大月为 30 日，小月为 29 日。其
中有 6 个大月，6 个小月，全年共 354 日。可是一年 12 个朔望月共长为
29.53059 日 × 12 = 354.3671 个平太阳日。这样，一年就比 12 个朔望月短
0.3671 日，3 年就短约一天。为此，每 3 年就设置一个闰年。凡闰年就在
12 月末加一日，一年为 355 日。阴历
每年比回归年短约 11 日。因此，阴历
的最大缺点是与四季寒暑无关。显而
易见，这种历法对生活、生产，特别
是对农业生产极不方便。现在，世界
上除了少数国家仍在使用阴历外，其
他国家早已不再使用阴历了。阳历以

图 188

一个回归年长度为依据，它的月数和月所包含的日数都是人为规定的，没有任何天象依据。现在世界上大多数国家通用的公历，就是属于阳历。关于现行公历的演变说来话长，这里既包含了人们对天象观测精度的逐步提高和对编制历法的理论和方法不断完善的历史性进步，又反映了统治阶级炫耀权术，为自己树碑立传、毫无科学道理的随心所欲。我们现在应用的公历是 1582 年，罗马教皇高利颁布施行的，因此叫《格里历》。它是在《儒略历》基础上进行改革的历法，它纠正了《儒略历》在 1257 年中累积的 10 天误差，使天象与历法统一。同时，重新设置闰方法。将《儒略历》中每 400 年有 100 个闰年和 300 个平年，改为每 400 年中有 97 个闰年，消除了《儒略历》中 400 多 3 天的误差。这样一来，《格里历》历年长为（365 × 400+97）÷ 400 = 365.2425（日），比回归年仅长：365.2425-365.2422 = 0.0003（日），约合 26 秒。400 年中累积误差为 0.12 日，即 2 小 53 分，约 3320 年差 1 日。如果我们的后代一直沿用这个历法，那么到大约公元 5000 时，他们就得修正它了。应该说尽管《格里历》还有误差和月的日数不齐等不足之处，但是它历年长度的精度比较高，又有很长时期的历史连续性的基础，因此逐渐被世界上绝大多数国家先后采用。我

图 189

国于 1912 年采用公历。但是，当时不用公元作为纪元。新中国成立后，于 1949 年改用公元作为纪元，并普遍采用了公历。阴阳历是我国人民传统的历法，具有悠久的历史。阴阳历的日、月、年都具有天文道理。它的月象阴历以朔望月为基础，完全符合月相。它的年平均长度像阳历一样，以回归

年为标准，完全符合四季的交替（图 189）。全年 12 个月，平均为 354 日或 355 日，比回归年长度短了约 11 日，3 年约差 33 日。为了使历年平均长度接近回归年，每 3 年要设置一个闰年，闰年加 1 个月，该年为 13 个月。我国古代早在公元前 600 年的春秋时代，就发现在 19 个阴历年中加入 7 个闰月，就可以使阴阳历的历年平均长度更接近回归年。也就是说，在 19

揭开宇宙的秘密

年中应有12个平年(每年有12个朔望月)和7个闰年(每年有13个朔望月)。

$$12 \times 12 + 3 \times 7 = 7235 \ (朔望月)$$

$$235 \ (朔望月) = 23.53059 \times 235 = 6939.6887 \ (平太阳日)$$

$$19 \ (回归年) = 365.2422 \times 19 = 6939.6018 \ (平太阳日)$$

两者在19年中只差0.0869日,约合2小时5分8秒。当然,具体的置闰要根据实际天象计算结果来安排(图190)。这就是历法中很著名的19年7闰法。它把朔望月与回归年很好地协调起来,是具有很高精度的历法。我国比古希腊天文学家默冬发现这个周期要早160多年。

新中国成立后,中国科学院紫金山天文台一直担负着我国的历算工作,不仅编制供民用的历法,还编算《中国天文年历》《天文测量简历》和《天文普及年历》等,供天文、大地测量、航海、航空和国防等方面应用。

图190

阴阳历

阴阳历是为了调和太阴历和太阳历,兼顾月亮和太阳而编定的历法。我国目前仍在通用的夏历(农历)就是一种阴阳历。在夏历中,每月的日期与月相变化相照应,而每年的寒暑节气照顾着太阳。年和月这个单位,各有确定的天文意义,又以特殊的置闰方法和协调历年长度与回归年长度,使它们相合。

夏历中每年一般全354天,分12个朔望月;采取19年7闰、闰年13个月,全年384天。这样,夏历的历年长度和回归年的长度每年就只差0.0046天,即约40秒。所以节气在夏历中不会有较大偏离。可见夏历与阴历是两种不同的历法。

我国夏历的最大特点是设置二十四节气。所谓节气,是指太阳在黄道上作周年视运动时所处的不同位置,因此也相应表示出了四季寒暑的

第四章 天文知识的应用

图 191

变化，以及人间安排农事活动的节奏。自春分点起，把黄道分为 24 等份，第 15 度为一节气，共二十四节气（图 191）。这样，节气就实际上是属于阳历的，所以它们在阳历中的日期比较固定。

我国历法中还有一些为群众所习用的规定，如"数九"和"三伏"。数九说明冬季寒冷的程序。从冬至日起，每九天为一段，依次叫一九、二九、三九、……，一直到九九。冬至过后，虽然大气直接从太阳光中得到的热量开始逐日增加，但由于地面温度还没有降到最低，所以气温总的说来还要继续下降。直至"三九、四九"，即阳历一月九日至二十六日这段时期，地面温度降到最低，气温也相应达到最低。因此最冷的时候不在冬至而在"三九、四九"。

三伏的日期是按节气日期并配合我国特有的干支记日来决定的。夏历规定，夏至后第三个庚日为"初伏"，第四个庚日为"中伏"，立秋后第一个庚日为"末伏"，合称"三伏"。它反映夏季炎热的程度。与最冷不在冬至而在"三九、四九"一样的道理，最热也不在夏至而在"三伏"，夏至过后，虽然大气直接从太阳光中得到的热量开始减少，但由于热量的积累，地温仍在升高，气温也随之升高；直到一个月后的"三伏天"，即阳历七、八月之交的一段日子气温才升到最高（图 192）。夏历的这些特点反映了我国劳动人民注重生产实践的优良传统。

图 192